KISTEC

ものづくり企業のための

公設試の賢い利用法

—機械・材料分野の技術支援事例—

地方独立行政法人
神奈川県立産業技術総合研究所

アグネ技術センター

まえがき

中小企業庁の統計情報によれば，2014 年における全国の中小企業・小規模事業者数は 380 万を数え，企業全体の 99.7％を占める．このうち，神奈川県には 20 万社が集積し，全国でも有数のものづくり製造業の拠点となっている．

中小企業の技術支援を行う公的な機関として，各県に公立鉱工業試験研究機関（いわゆる公設試）が置かれている．大企業では社内に独自の研究所を設置したり，自前で高額な分析試験機器を取り揃えたりすることで，技術開発を行うことが可能だが，こうした設備を持たない中小企業においては，安価で信頼性の高い公設試を利用することが有力な経営戦略の 1 つとなっている．実際，日々多くの中小企業の技術者・経営者が公設試を訪れ，それぞれの技術開発や問題解決のために助言を求めたり，情報収集や情報発信の手段として活用されている．

それにもかかわらず，公設試の知名度は一般に高いとはいえず，私どもの組織でも広報努力が足りないとのお叱りを受けることがしばしばである．

県内の関連各機関を統合して設置された神奈川県産業技術センターは，2017 年 4 月より，地方独立行政法人の神奈川県立産業技術総合研究所として再出発することになった．この機会に，読者の皆様に神奈川県における技術支援の事例を紹介して，公設試の役割をご理解いただき，当所を含めた全国の公設試を上手にご利用いただきたいと考えている．

本書は，㈱アグネ技術センターが出版する技術専門誌「金属」に 2012 年 9 月～2013 年 8 月と，2015 年 5 月～2016 年 4 月の全 24 回にわたり掲載された「神奈川県産業技術センターの技術支援」という連載記事をとりまとめ，一冊の単行本として発刊するものである．

第１章では，当所の業務内容や目的などを概説し，機械・材料技術部門における支援業務の考え方などについて述べる．第２章では，研究会型の活動を通した２つの支援事例を紹介する．第３～８章で，主な技術分野ごとにそれぞれの技術担当職員が，支援事例の紹介や研究開発の概要を説明する構成となっている．

本書においては，当所で保有する技術の一部を紹介した．その他の主な保有機器や依頼試験を巻末にリストアップしたので，ご利用の際の参考にしていただければ幸いである．当所では，本書で紹介した機械・材料技術のほかに，電子技術，化学技術等の分野でも，県内の中小企業を中心に様々な技術支援を行っている．詳細については，ホームページをご覧いただきたい．また，全国の鉱工業系公設試の一覧を掲載した．設備や技術担当者の関係で，１つの機関で対応できない場合，他県の公設試を互いに紹介することによって，連携して支援活動を行っている．

本書を出版するにあたり，歴代の所長以下幹部職員のご理解とご指導，さらに共に業務を執行してきた同僚職員のご協力に対して，改めて感謝の意を表したい．

最後に，私どもの活動の中心となる技術支援業務は，ひとえに県内中小企業を中心とした利用者あってのものである．これまでに様々な形で交流のあった関連企業・機関等の皆様に心より感謝するとともに，本書が今後の事業展開に少しでもお役に立てることを願っている．

2017 年 1 月

神奈川県産業技術センター
機械・材料技術部
部長　小野春彦

※所属・肩書は，2017 年 4 月の独法化以前のものである．

目　次

第１章

県の産業を支える“ものづくり”基盤技術

1.1 (地独)神奈川県立産業技術総合研究所とは

小野　春彦

神奈川県立産業技術総合研究所の前身は，各県に設置された公設の旧工業試験場である．平成7年(1995年)に神奈川県内の繊維，家具，工芸の関連各機関を統合し，平成18年(2006年)からは神奈川県産業技術センターの名称で技術支援業務を実施してきた．さらに平成29年(2017年)，主に基礎研究分野に強みを持つ(公財)神奈川科学技術アカデミーを統合し，地方独立行政法人の県立産業技術総合研究所(略称県立産技総研)として新たな出発を迎えることとなった．従来から県内中小企業を中心とした産業技術に関する様々な支援活動を行っている．

戦後の経済成長期に日本の産業を支えてきた「ものづくり」の中小企業が，神奈川県には数多く集積している．大量生産で安価な材料・部品を提供するビジネスが海外に移行する中にあっても，国内で良いものを安く提供したいという企業家の気持ちは根強い．それは，コストを意識しながらも，品質を決して落とさない，あるいは，さらに一歩進んだ高付加価値をつけた技術を追求し続ける，ものづくり中小企業の技術屋の存在に支えられている．このような高い技術を継続的に維持・発展し続け，日本の産業をさらに活性化させていくためには，材料・部品についての深い理解と精密な制御が求められる．そうした日本の中小企業に根付いたものづくり産業を，主に技術的側面からお手伝いしている県立の機関が産技総研である(図1.1.1)．

図 1.1.1　海老名市にある神奈川県立産業技術総合研究所（旧称 産業技術センター）

1.1.1　技術支援活動『アクセス 30000』

神奈川県立産技総研の前身である神奈川県産業技術センターの基本理念は，「県内中小企業を中心とする産業界の皆様から，技術開発パートナーとして厚い信頼を寄せられる，中枢的な技術支援機関を目指す」ことである．「ものづくり支援」「研究開発」「人材育成」そして「技術情報，交流・連携」が、技術支援の 4 本柱である（図 1.1.2）．日常の主たる業務は，「技術相談」「依頼試験」「受託研究」を通した「ものづくり支援」であるが，支援を行う研究職員の技術レベルを維持するためには，自らの研鑽も必要であり，職員の自主的な研究（経常研究）や，大学との共同研究，公的資金の補助を利用した産学公連携のプロジェクト研究などを行っている．

当所では，5 年ごとに新たな中長期計画を策定してきた．本書では，平成 22 年に策定した中長期計画とその活動を紹介する．この中長期計画では平成 23～27 年度にわたる 5 年間の技術動向を展望し，ニーズとシーズ両面から，今後の活動方針を明確にした．特に，世界的な経済動向や県内中小企業を取り巻く環境を分析し，県の重点分野および新規成長分野における今後の

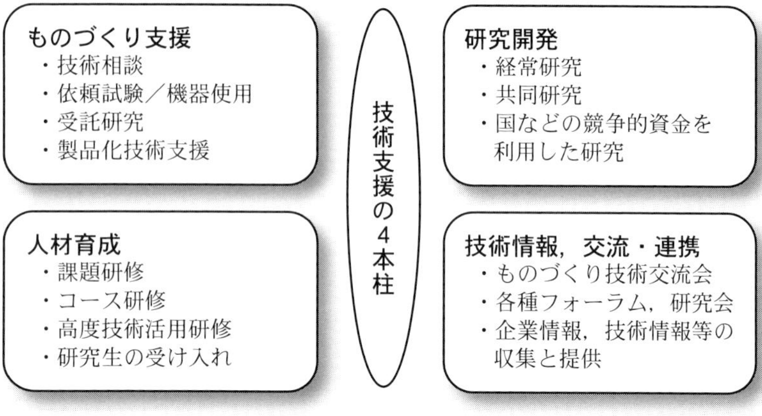

ものづくり支援
- 技術相談
- 依頼試験／機器使用
- 受託研究
- 製品化技術支援

人材育成
- 課題研修
- コース研修
- 高度技術活用研修
- 研究生の受け入れ

技術支援の４本柱

研究開発
- 経常研究
- 共同研究
- 国などの競争的資金を利用した研究

技術情報，交流・連携
- ものづくり技術交流会
- 各種フォーラム，研究会
- 企業情報，技術情報等の収集と提供

図 1.1.2　技術支援業務の 4 本柱

技術動向を踏まえて，技術支援の方向性をまとめた．そして，活動のキャッチフレーズとして『アクセス 30000』を採用した．これは，年間の利用件数 3 万件を目指すという意味であり，たくさんの利用者のお役に立ちたいとの願いと決心が込められている．

1.1.2　機械・材料技術部門のコア技術

上記中長期計画の技術的側面では，県の重点分野および新規成長分野に対応するため，コア技術を再編した．当所の技術部門は，「機械・材料」「電子」「化学」の 3 技術部からなるが，本書ではこのうち，機械・材料技術部が担当する技術分野を中心に述べる．表 1.1.1 に，当部門 6 チームの担当技術分野を示した（2017 年 1 月現在）．

機械・材料技術分野では，近年，自動車産業に代表される産業構造に急速な変化が起こっている．これに伴い，県内企業からの要求は，低炭素型社会の構築へ向けた新規な高機能材料の開発や，ロボットや航空宇宙等の新規成長産業分野に対応した技術の取り組みへと，大きく移ってきている．一方，これまで国内のものづくり技術を支えてきた技術者の高齢化と相まって，技術の空洞化が確実に進んでいる現状がある．そうした中，県内企業では，高品質性維持のための故障解析やトラブルシューティングへの対応，さらには

表 1.1.1　機械・材料技術部 6 チームとその担当技術分野

チーム名	担当技術分野
材料物性チーム	機械部品の摩擦・摩耗試験，金属表面の熱処理・表面改質，金属組織観察
材料加工チーム	金属・セラミックス・木材の機械加工，焼結処理，構造解析・設計加工
ナノ材料チーム	ナノ粒子の作製や計測・物性評価，有機・無機材料の分光分析技術
機械構造チーム	金属材料や機械部品の強度試験，X 線応力測定，塑性加工，溶接
解析評価チーム	X 線や電子線を用いた材料表面の局所分析，X 線透過試験，故障解析
機械制御チーム	音・振動関連技術，製品の形状・表面粗さの精密測定，機械設計

高い品質力と信頼性を備えた機械・材料製品を開発するための，継続的な基盤技術および先端技術情報の提供や，問題解決型の技術支援を強く望んでいる.

このような状況を受け，機械・材料技術部門では，「高機能材料技術」「表面処理技術」などのコア技術を中心に，重点的な支援施策として「環境調和型材料技術への展開」と「一貫した開発支援体制の構築」に取り組んだ.

1.1.3　環境調和型材料技術への展開

環境負荷を低減するための小型・軽量・長寿命化技術，あるいは高付加価値を目指した高機能化技術へのニーズが高まっている. これらに応えるため，軽金属やセラミックス，あるいはナノ粒子などの機能性材料に関する技術の強化を推進している. 特に，従来からの強みである鉄鋼材料の表面処理技術を基盤として，アルミニウム合金等の軽金属への DLC コーティングや熱処理・表面改質技術，さらに，航空宇宙用新素材のような難削材の加工技術などの高度化に取り組んでいる. また，環境負荷を減らすためのプロセスや材料の提案を常に念頭に置いた技術支援を展開している.

1.1.4　一貫した開発支援体制の構築

機械加工や成形加工などの金属加工を専門とする製造業者においては，いわゆる下請け事業からの脱却のため，設計をも含めた技術開発への取り組みが進められている．そこで，設計図面と実際の加工品との対応を容易とするような技術支援，さらに材料技術も含めた「素材から設計，加工まで」を，個別の要素技術としてではなく，一貫したトータルソリューションとして提供するための技術開発支援体制の構築を目指している．たとえば，ロボットなどの新規成長産業分野では，人型ロボットや産業用ロボットそのものは大手企業の事業であるが，それを支える高度な要素技術は中小企業の持つ独自のノウハウに依存するところが大きい．それは機械工学の集大成とでも言える分野であり，個々の構成要素や材料・部品の製造技術だけでなく，安心・安全をも含めた総合的な視点からの技術支援が必要である．

以上の中長期的視点に立った重点的支援施策に沿って，これまでに実施してきた研究開発や技術支援活動の中から，特に機械・材料技術分野の読者に関連深いテーマについての具体例を，本書の中で順次紹介していきたい．

1.2 新規成長産業分野への応用展開

1.2.1　さがみロボット産業特区

神奈川県が申請した「さがみロボット産業特区」が，平成 25 年 2 月 15 日に地域活性化総合特区として国から指定を受けた．『生活支援ロボットの実用化を通じた地域の安全・安心の実現』に取り組むことが狙いである．

神奈川県の政策課題のひとつとして，県民の「いのち」を守ることがあげられている．来たるべき高齢者社会への対応や，自然災害からの被害をできる限り軽減していくことなどが行政の使命である．その解決策として，特区における生活支援ロボットの実用化促進を提言している．対象区域は，図 1.2.1 に示すさがみ縦貫道路沿線地域である．これは，この地域にロボット関連技術を有する企業・団体等や，大学・研究機関，病院などが多数集積し

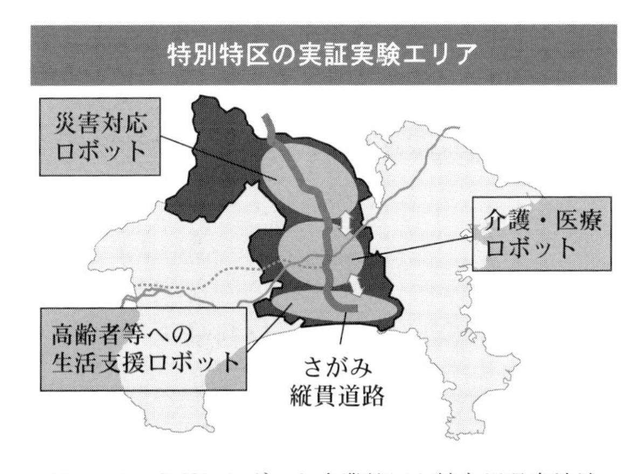

図 1.2.1　さがみロボット産業特区と神奈川県央地域

ており，産学公の連携により研究開発から製品化，実証実験の実施など様々な取り組みが期待できるからである.

ロボットと聞くと，人型のヒューマノイドや産業用ロボットを想像するかもしれない．ロボットの明確な定義はないが，経産省のロボット産業政策研究会報告書（2009 年）によれば，「センサー，知能・制御系，駆動系の 3 つの技術要素を有する知能化した機械システム」のことである．したがって，生活支援ロボットの中には，すでに我々の生活に深く浸透しているものも多い．たとえば，昔は駅の改札に駅員さんが座っていて，定期券を確認し，切符にはさみを入れていた．今やロボットの駅員さんが自動改札機の形で働いている（図 1.2.2）．自動改札機に上半身の人形を付けて，開閉板を手の形にしたら，立派なヒューマノイド型駅員ロボットである.

図 1.2.2　駅員ロボット「自動改札機」

1.2.2　新産業創出へ向けた機械・材料技術

ロボットの要素技術として，機械・材料関連のものづくり技術が果たす役割は大きい．そこには，大量生産による低価格低品質の技術ではなく，我が国ならではの高品質・高精度・高機能な材料・部品が必要とされる．たとえば，動くことが特徴であるロボットの関節摺動部には，優れた摩擦摩耗特性が要求されるだろう．本書で紹介した，熱処理・表面処理技術や表面コーティング技術が重要となる．部品の強度も重要な要素である．金属材料の残留応力を制御したり，故障解析から金属組織を制御・最適化して強度の向上を図ることもできる．また，ロボット用軸受け材料として，軽量で硬度・強度に優れた窒化ケイ素系セラミックス材料の開発が期待される．

今後大きな成長が見込まれるもうひとつの産業分野として，航空宇宙産業がある．これらの新規成長産業分野において中小企業が関わる周辺事業として，MRO (maintenance, repair and overhaul) 事業が注目されている．難削材料の機械加工技術や，レーザ加工装置を用いた肉盛り，溶接加工などにビジネスチャンスがあると考えられる．

上記のような，ものづくり技術の基盤を支えるのは，個々の材料や部品，製品等の評価技術である．材料表面の組成や状態を分析する高度評価技術として，電子線やX線，光などを利用した表面分析技術は非常に有用であり，依頼分析の要望が多い．また，強度試験，振動試験，音響試験や，形状の精密測定なども，より付加価値の高いものづくりのために，欠かせない評価技術となっている．

1.2.3　評価の3要素と技術支援

「評価」あるいは「評価する」という言葉を使用する場合，1) evaluation，2) assessment，3) characterization の3つの側面があることに注意が必要である (図 1.2.3)．

evaluation は，公設試の業務では，計測により客観的で正確な物理量を求めることであり，依頼試験に相当する．極端に言えば，依頼主の要求通り，指示された計測を正しく行い，客観的な評価結果を提供することである．加工精度や材料・部品の品質が向上するに伴い，常により高度な評価技術が要求される．

一方，assessment としての評価は，その目的が重要であり，良いか悪いかを査定・判断することが求められる．当所にトラブルシューティング等で相談に来るお客様は，計測の数値そのものよりも，問題解決を目的とするこ

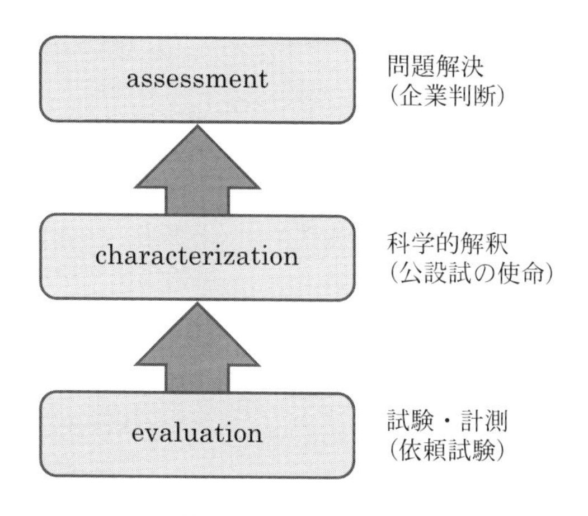

図 1.2.3　技術支援における評価の 3 要素

とが多い．試験結果から得られる情報を基に，結局どうすればいいのか，有効な対策につながる評価が要求される．これは，最終的には依頼元の企業判断ということになるが，依頼試験の結果である evaluation の情報から，直接 assessment につなげるのは容易ではなく限界がある．

そこで，characterization という側面を持った評価が重要となる．evaluation の結果が示す意味を科学的に解釈し，説明すること．そして，最終的には依頼元の企業自身が assessment できる客観的な判断材料を提供すること．それこそが，当所のような公設試の持つべき大きな使命の 1 つなのではないだろうか．

1.3 新規産業を支援する基盤技術の潮流

平成 22～27 年度の 5 年間にわたる中長期計画を実施する中で，最近特にロボットや航空・宇宙関連の新たな産業が注目され，3 次元造形機のような新しい技術も創出されるようになった．世の中の動きに対応して，新しい技術をいち早く取り込み，技術の最先端で事業展開する日本の産業界に的確に支援活動を行っていくとともに，「温故知新」というべき基盤技術を継承し大きな潮流を作っていくことが，当所のような公設試の使命のひとつであると考えている．

本節では，最近当所の機械・材料技術部に導入された設備と，それらを導入した経緯を紹介し，技術支援の最新動向について述べたい．

1.3.1 振動試験機による機器の信頼性評価

ロボットをはじめ自動車，鉄道，航空・宇宙，医療等に使われる工業製品やその部品は，様々な振動環境におかれることが多い．これらの機器が実際に使われる振動環境を再現し，その環境下で機器が正常に動作するか，その振動に耐えられるか，また改良の必要はあるか等を評価するための試験が，振動試験である．

当所では従来より，振動試験機を用いて，正弦波掃引，ランダム振動，ショック (衝撃) などの振動波形を再現し，依頼者側のニーズに沿った試験を実施している．当所への試験の依頼は，電気・電子，自動車，鉄道，航空・宇宙，アミューズメント，食品関連等々，様々な業種に及ぶ．

試験の目的は大きく分けると次の 2 つに分類される．ひとつは，たとえば鉄道車両や自動車，人工衛星等に搭載され，実際の振動環境下で作動する機器・部品等の試験である．試作品の機能や耐久性をチェックするのに使われるほか，実際に製品を出荷する際には，ISO などの規格に準じた試験をクリアする必要がある．もうひとつは，静的環境で使用される製品であっても，それらを輸送する際に振動環境下におかれるケースで，そのような振動に対する耐久性の試験である．製品本体の品質確認や梱包状態の確認を目的とするもので，たとえば，輸送による振動の影響を低減する食品容器の開発などの事例がある．

今後市場の拡大が見込まれる生活支援ロボットでは，特に誤動作，故障，破損が人命にかかわることになるので，振動・衝撃に対する信頼性を確保するために，試作段階における事前検証・評価（耐振動性・耐衝撃性評価）が極めて重要である．そこで当所では，ロボットをまるごと評価試験することが可能な，加振力の大きい，より厳しい振動環境を作り出せるシステム（IMV製 i250/SA5M）を導入した（図 1.3.1）．本試験機の最大加振力は 40 kN であり，当所保有の従来装置の 2 倍，首都圏公設試で最大である．また，屋内作業環境（騒音）や，敷地境界における騒音規制基準（県条例）の順守などの配慮をし，試験機本体を防音ボックス内に設置している．

図 1.3.1　大型振動試験機

従来装置は，加振力は小さいが振動の周波数帯が広いため，小物や軽量物の試験用とし，新規導入装置は，振動の周波数は制限されるが加振力が大きいため，大物や重量物の試験用にと，用途の棲み分けをして 2 台を有効に運用している．

1.3.2 レーザ加工機と粉体肉盛技術

レーザ粉体肉盛技術（レーザ・メタル・デポジション，以下 LMD と略記）は，材料表面をレーザで溶融し，その溶融池に粉末を供給することにより，母材とは異なる特性の改質層を形成する技術である．数 mm^2 の比較的狭い領域に kW オーダーの高エネルギーを投入できるため，材料の熱的ダメージを抑えた局部的な表面改質が可能である．用途としては，工業用カッターの刃先への硬化層形成から，航空機のジェットエンジンや火力発電用ガスタービンの部品補修等，安価な量産品から高価な精密部品まで広く適用されている．

当所では，LMD のためのレーザ加工機（TRUMPF 製：TruDisk3006）を，他の公設試験研究機関に先駆けて新規に導入した．本装置は精密自動溶接機の一種であり，ディスクレーザのヘッドが 6 軸のロボットにより駆動される．

図 1.3.2 にレーザヘッドとそれを駆動するロボットの外観を，図 1.3.3 に肉盛層形成過程の模式図を示す．発振器から出たレーザ光は光ファイバー内を通って，ロボット先端に固定されたレーザヘッドより出射される．粉体肉盛用溶接ヘッドには穴が設けられ，レーザ照射点に向けて粉末が投射される．ロボットによりヘッドを移動させつつ，試験片表面のレーザ照射点に形成された溶融池に粉末を投射することにより，肉盛層を形成することができる．肉盛層の幅は数 mm なので，所定の面積の肉盛層を形成する場合は，ヘッドを平行移動させて複数の肉盛層を堆積させる．また厚い肉盛層を形成する場合は，高さ方向に複数の肉盛層を重ねて堆積させる．さらに，回転・傾斜が可能なポジショナーを備えており，3 次元形状のワークや，シャフト・パイプ等の円筒状製品の外周面に対する加工を行うことも可能である．

当所では，本装置を用いて様々な LMD の用途開発を目指している．そのひとつにジェットエンジン部品やロボット部材の補修技術がある．航空機産

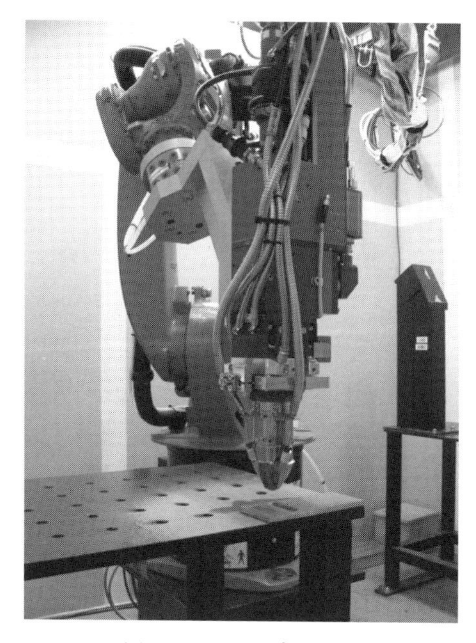

図 1.3.2　レーザ加工機

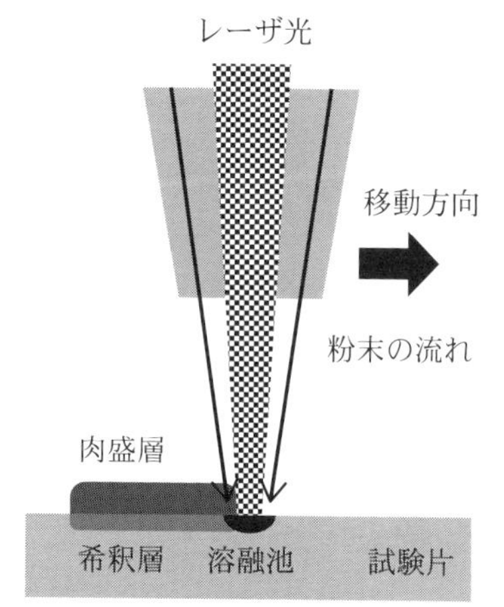

図 1.3.3　レーザ粉体肉盛技術

業において，航空機の部品を製造する事業とともに，保守・点検・修理を行う MRO (Maintenance, Repair & Overhaul) 事業が注目されている．脱下請けを目指すものづくり中小企業が参入可能な MRO 事業に，この LMD 技術が使われることを期待している．

本装置を用いた具体的な技術事例を第 3 章 3.3 節で述べる．

1.3.3　光学式 3 次元座標測定機

この装置は，製品や加工部品などの 3 次元座標 (形状や寸法) を非接触で測定できる測定機で，接触式 3 次元測定機では測定できない柔らかいもの，薄いもの，微細なものを測定することができる．新規に導入した装置 (図 1.3.4) は，カールツァイス㈱製 O-INSPECT 442 で，図 1.3.5 のように 3 種類のセンサー (画像センサー，ホワイトライトセンサー，接触式センサー) を有しており，試料の形状や材質に適したセンサーに切り替えて測定する．

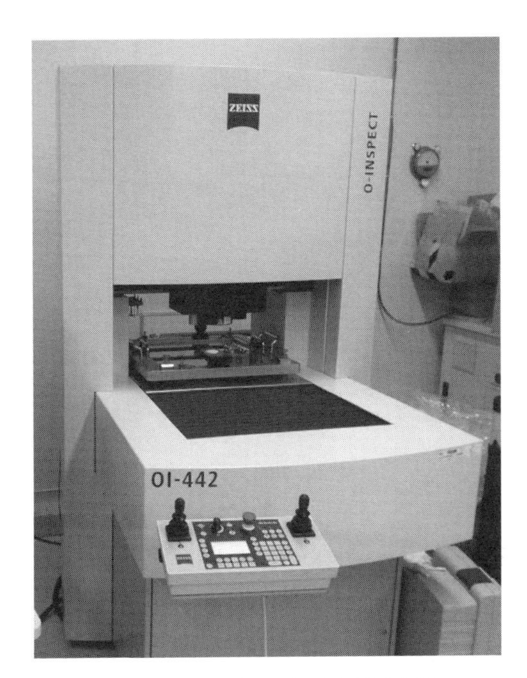

図 1.3.4　非接触 3 次元座標測定機

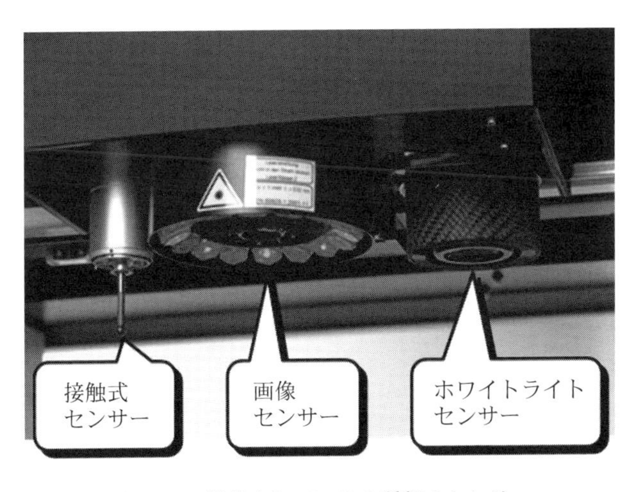

図 1.3.5　搭載されている 3 種類のセンサー

複数のセンサーによる測定を同一基準で実施できるため，各センサーの測定結果を融合することで，様々な試料を短時間で精度良く評価することができる．

当所には，従来から大型の接触式3次元精密測定機がある．これは対象物にプローブを押し当ててその座標を1 μmの精度で計測し，長さ，直径，真円度などを評価する装置である．日本の製造業の加工精度は世界のトップレベルであり，加工部品の最先端機器への適用にも期待が大きい．このため，要求される加工精度はますます高くなっており，たとえば，生産した加工部品を川下企業に納めるとき，設計図通りの加工寸法になっているかどうか，実際の計測値を合わせて提出することが求められるケースが増えていると聞く．

寸法を精密に計測するために重要なのは，振動と温度の制御･管理である．このため，測定機の設置してあるフロアを建物から切り離し，外部からの振動を除去している．さらに，計測室の温度は常に20±0.5℃に管理しており，大型物を計測する際には前日に持ち込んで一昼夜保管し，試験体の温度が安定してから計測するなどの注意を払っている．

従来の接触式では試験体にプローブを押し当てるので，樹脂のような柔らかい材料の場合誤差を生ずる．またプローブよりも微細な構造などの測定不可能なケースの依頼もある．このような様々な計測に対するニーズに応えるため，非接触の測定機が活躍している．

1.3.4　材料表面微小部の分析評価装置

本装置は，試料にX線を照射し，試料表面から放出される光電子のエネルギーを測定することにより，表面の組成ならびに化学結合状態に関する情報を得る装置（XPS）で，アルバックファイ㈱製の微小部X線光電子分光分析装置 PHI5000 VersaProbe II である（図1.3.6）．この装置は，X線励起領域を制限することにより最小ビーム径10 μm以下の微小領域分析が可能であり，分析位置のコントロールや，深さ分析，ラインスキャン，マッピングも高感度・高精度で行えることが特徴である．

本装置の導入は，平成24年度の政府補正予算「地域新産業創出基盤強化

図 1.3.6　微小部 XPS 装置

事業」によるものである．その主目的は，第 1 に，ロボットの関節等に使う摩擦摩耗特性の高い摺動材や生体適合性の高い材料の開発，および効率の良い燃料電池やリチウム電池の開発を支援すること，第 2 に，金属・セラミックス・プラスチック等の製品における材料表面の変色，腐食などの不具合を分析することにより，故障解析を行うことである．また，国際規格に準拠した較正を行うことにより国際的に通用する測定を行い，海外における生産管理やクレーム対応のために有用なデータを取得し，中小企業の国際競争力のある製品開発を支援することも目指している．

材料の分析評価は，当所への依頼試験の中でも非常に多い項目の 1 つである．対象となる材料は，金属，セラミックス，樹脂，粉末，液体など広範囲にわたる．依頼目的の中でも多いのは，部品の破損・劣化などのトラブルシューティングに関するもので，材料表面の汚れ，腐食，異物，変色等の解析評価である．依頼者とよく相談のうえ，その目的によって，表面から観察したり，断面試料を作製したりするが，当所で保有する様々な機器の中から最適の分析方法を組み合わせて，問題解決にあたることが最重要になる．

XPS は材料の最表面を分析する装置で，そこにどのような元素があるかだけでなく，その原子がどのような元素と結合しているかという原子結合状態に関する情報も得ることができる．たとえば，酸素と結合（酸化）しているか，窒素と結合しているかなどの情報は，故障解析を行う上で有力な手掛かりとなる．XPS は X 線をプローブとするため表面に敏感であるが，空間分解能は 1～10 mm が一般的である．今回導入した XPS 装置は空間分解能が 10 μm であるため，非常に微小な領域の分析が可能となり，依頼試験への適用範囲が大幅に拡大した．本装置のような微小部元素分析装置を用いた故障解析の事例を，第 7 章 7.2 節で述べる．

本節で紹介した新規導入装置や従来の機器を用いて実施した最近の技術支援事例や，大学や企業との共同研究の成果などを中心に，当所の機械・材料技術部における保有技術を第 2 章以降で紹介していく．

第 2 章

研究会活動による技術レベルの底上げ

2.1 「熱処理・表面処理技術研究会」を通じた県内産業の技術支援

高木　眞一

生産拠点の現地化，国内の人材不足と海外への人材・技術の流出，アジア新興国の急速な技術力の向上など，ものづくり基盤技術を支える中小企業を取り巻く経営環境は益々厳しさを増している．このような状況下において，当所では，地域のものづくり基盤技術の競争力強化を支援する新たな試みの1つとして，「熱処理・表面処理技術研究会」の運営に取り組んでいる．

2.1.1 「熱処理・表面処理技術研究会」の活動内容

本研究会は，地域の産学公が連携して，熱処理・表面処理関連技術に共通する具体的な研究課題を抽出し，参加メンバーの協働により解決を図ることを活動の基本方針としている．

研究会のメンバーは，当所の前身である神奈川県産業技術センターと(財)神奈川科学技術アカデミー，熱処理・表面処理を行う地域の企業に加えて，地域の大学や，自動車メーカーをはじめとする川下企業等の技術者，研究者によって構成されており，様々な立場から意見を集約する体制をとっている(図 2.1.1)．

具体的な研究課題は，社会全体および業界のニーズを的確に捉えているだけでなく，各企業独自の開発案件に抵触せず業界全体の技術力向上に貢献できること，メンバーの得意技術を活かして協働できることが要件となる．研究会で審議の結果，①金型，工具を対象とするセラミックス硬質被膜技術と，②機械構造用部品を対象とする窒化，浸炭焼入れ，高周波焼入れ等の表面硬化処理技術の2つに絞って技術課題を選定した．

神奈川県
産業技術センター

神奈川地域の（中小）製造業
熱処理　表面処理
高周波　浸炭・窒化
真空　ショットピーニング
塩浴 etc.　ハードコーティング
etc.

熱処理・表面処理技術研究会
—産業指向の技術情報センター機能—
ニーズの集約と共有化・具体的研究課題への取り組み

大手川下企業

（財）神奈川科学技術アカデミー

地域の大学
横浜国立大学 etc.

図 2.1.1　研究会の体制

2.1.2　セラミックス硬質被膜分野への取り組み

金型，工具を対象とする分野は，被加工材の高強度化と加工の高速化に伴って，金型への負荷が増大する傾向にあることから重要な技術分野である．本研究会では，図 2.1.2 に示すような冷間鍛造と打ち抜き加工をそれぞれ想定した金型を作製し，プレス機を用いた金型の評価試験を進めている．図 2.1.3 は冷間鍛造を想定した金型の応力集中部に発生したき裂の一例である．き裂は TiN 硬質被膜から発生し基材側に進展している様子がわかる．このような金型損傷に及ぼす基材の鋼種，熱処理，表面硬化処理，および硬質被膜の

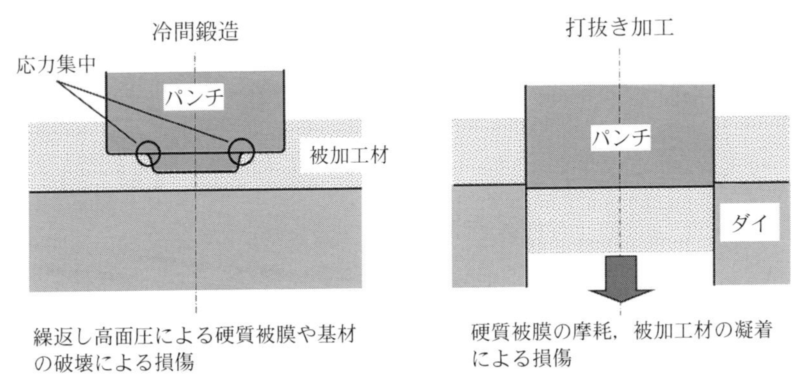

図 2.1.2　実機評価試験用の金型

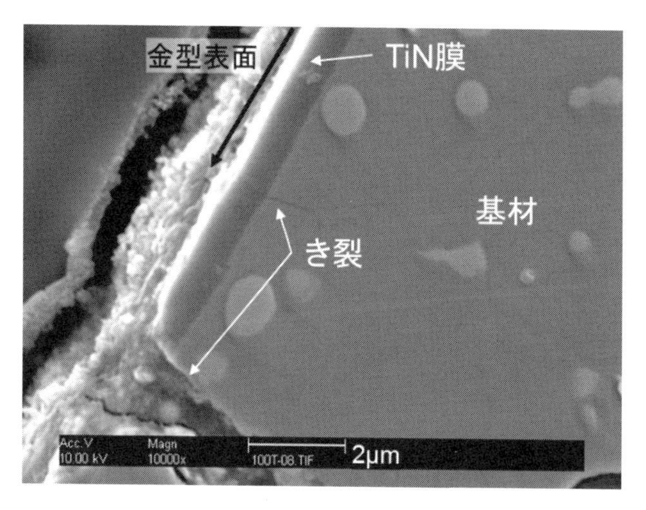

図 2.1.3　金型のコーナー部に発生したき裂の一例

膜質の影響を明らかにすることで，基材の熱処理から硬質被膜の膜構造までを含めた表面設計の高度化に取り組んでいる．

2.1.3　表面硬化処理分野への取り組み

機械構造用部品を対象とする窒化，浸炭，高周波焼入れ等の技術は，動力伝達機構の高効率化，低燃費化に欠かせない重要な技術分野である．本研究会では窒化ポテンシャル制御を用いた窒化処理に着目している．600℃以下で行う窒化処理は，熱処理に伴う変形がきわめて少ないことや，摩擦，摩耗特性に優れた鉄窒化物層を表面に付与できることが特長である（図 2.1.4）．しかしながら，この化合物層や母相の拡散硬化層は，焼入れによるマルテンサイト組織と比較して強靭性に劣ることが，用途を制約する原因になっている．水素センサーを用いた窒化ポテンシャル制御によって，化合物層の結晶構造や厚さ，および化合物層に生成するポーラス構造の形態と拡散層の硬さプロファイル，といった表面構造因子を自在に制御できれば，窒化処理の特長を生かしつつ，部品の仕様に応じたより高度な表面構造設計が可能になると考えている．図 2.1.5 は化合物層の結晶構造を EBSD（電子線後方散乱回折）を用いて解析した例である．化合物層内部は γ'（Fe_4N）相，ε（$Fe_{2-3}N$）相

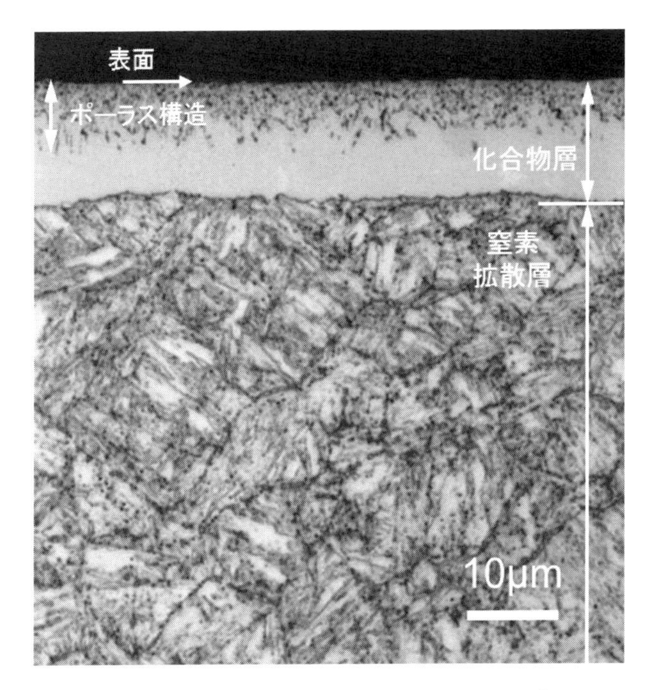

図 2.1.4　ガス窒化処理した合金鋼の金属組織

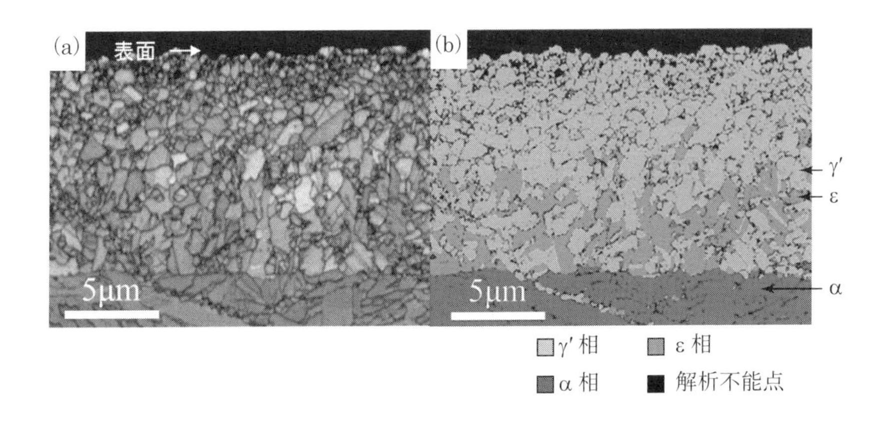

図 2.1.5　EBSD による化合物層内部の相構成マップ
(a) バンドコントラスト，(b) フェイズマップ

および少量のα-Fe 相から構成されていることがわかる．本研究会ではこうした解析手法を活用して窒化ポテンシャルと表面構造の関係を明らかにするとともに，疲労強度などの機械的性質への影響を調査している．

本研究会で取り組む技術分野は，いずれもすでに工業的に確立されているものづくり基盤技術であると同時に，今後も進化をし続ける先端技術でもある．神奈川地域の熱処理・表面処理技術に関連するものづくり企業群が国際的な競争力を今まで以上に強化できるように，微力ながら支援していきたいと考えている．

2.2 スポット溶接技術の品質向上に向けて

薩田　寿隆

2.2.1　中小企業におけるスポット溶接技術の課題

スポット溶接は，輸送機器，家電製品，家庭用品，またはOA機器の筐体製作など，非常に多くの分野で利用されている．しかしながら，溶接は，ISO9001（品質マネジメントシステム）において，「その結果が後工程で実施される検査および試験によって，要求された品質基準が満たされているかどうかを十分に検証することができない工程」すなわち特殊工程と規定され，工程の妥当性確認プロセスの確立が要求されている[1)]．新興国からの追い上げに対し技術的優位を保ち続けるには，ISO9001の取得，もしくはこれに準じた品質管理の推進が望まれる．

特に，スポット溶接にはアーク溶接のような技能者認証制度がないため，経験や知識がなくても誰でもスポット溶接に携わることができる．しかし，大学，高専等の専門教育機関において，スポット溶接に関する教育を受ける機会は限られている．このため，一部の企業を除き，特にその利用主体である中小企業においては，適切な技術的根拠に基づいた作業手順書や管理手順書を作成し，工程の妥当性を確立することが困難な状況にある．

このような背景から，当所ではスポット溶接技術に対する品質向上を目指し，ここ数年様々な活動を展開している．以下その内容を紹介する．

2.2.2　技術講演会・見学会の開催

スポット溶接に関する情報提供を目的に，技術講演会・見学会を開催している．これまで3年間に6回開催し，60社延べ200名の方の参加をただいた．

講演会では，スポット溶接に関する基礎知識，品質管理，非破壊検査方法，溶接機の電流・加圧力測定器などに関する情報提供を行ってきた．見学会では，スポット溶接機の主力ユーザである鉄道車輌製造メーカー，およびスポット溶接機メーカーへの訪問を実施している．図 2.2.1 は，平成 24 年 3 月に実施した㈱アマダにおける見学会の様子である．

図 2.2.1　見学会風景

2.2.3　セミオーダー研修で溶接技術を実務体験

設計，品質管理および購買担当者は，通常スポット溶接に触れる機会はあまりない．したがって，品質管理に関する実務的な経験および知識が不足しがちである．このような方々のために，スポット溶接への理解を深める 1 日コースの研修を開催している．受講者の業務内容に即したカリキュラムを組む，セミオーダー研修である．

内容は，抵抗溶接の接合メカニズムから JIS 規格の各種評価方法までの講義，および当所のスポット溶接機や計測機器類を使用した実習からなる研修である．

実習では，まず受講者に溶接作業を体験してもらい，各種試験片を作製する．溶接作業の際に，溶接機が設定どおりの溶接電流値，通電時間および加圧力(電極で板を押える力)で動作していることを，スポット溶接専用の測定器で確認してもらう．この確認作業を通じ，溶接機の動作確認手法を学ぶことができる．

スポット溶接では板間に形成されるナゲット(溶融部)の大きさが継手強度に影響を及ぼすため，ナゲット径の管理が重要である．しかしスポット溶接に携わる方の多くは実際のナゲット断面を観察したことがない．ナゲット断面観察により接合メカニズムの理解が深まるため，実習では受講者が作製した試験片に対しナゲット観察を行う．図 2.2.2 は，JIS Z3139 規定の断面マクロ試験に対応した，接合断面の光学顕微鏡組織写真である．実習を通じて，試料切断から写真撮影に至るまでの手法を学ぶことができる．

さらに，実習で作製した試験片を用いて引張せん断試験を行い，図 2.2.3

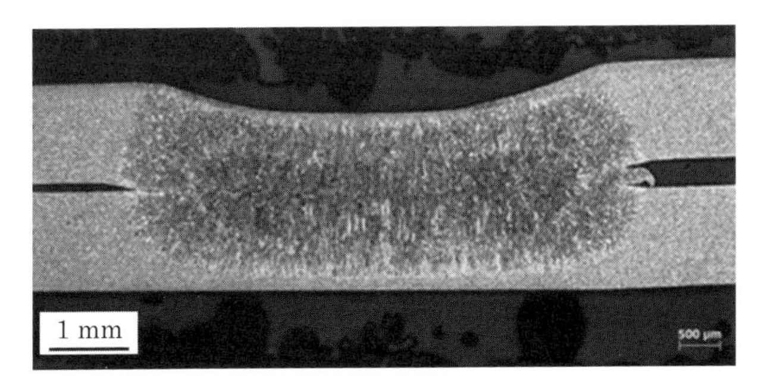

図 2.2.2　溶接部の断面金属組織

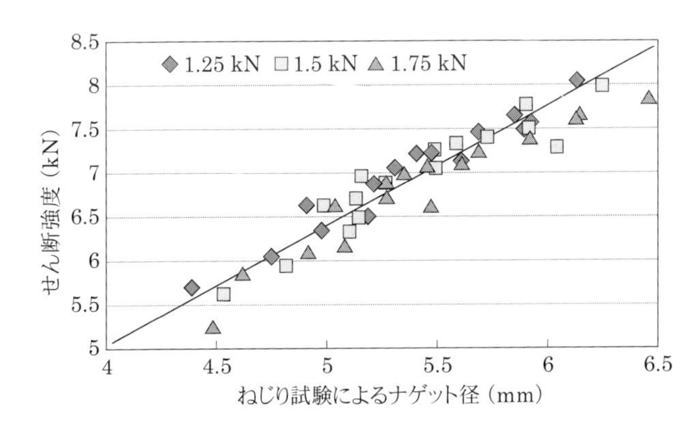

図 2.2.3　引張せん断強度とナゲット径の関係

に示すような，ねじり試験によるナゲット径と引張せん断強度の関係を確認する．現場で行うねじり試験によるナゲット径の確認が，間接的な溶接部の強度確認につながるという技術的な意義を理解できる．

2.2.4　シミュレーションによる適正溶接条件の絞り込み

スポット溶接においては，設定条件が同じでも溶け込みにバラつきが生じ，結果として不具合が発生することがある．これは，1次側電圧低下に伴う電流低下や，加圧力変動が原因と推定される．実験により要因を特定するには，個々の条件に対して溶接を行い，図2.2.2のような断面マクロ試験を行う必要がある．これには多くの労力を要し，現実に不具合を特定することは困難であることが多い．

近年，有限要素法によるスポット溶接専用ソフトウエアが市販され，大企業を中心に利用されている．これを用い，あらかじめ適正なモデルを確立しておけば，溶接条件に対するナゲット形状を容易に推定でき，不具合原因を絞り込むことができる．図2.2.4に，マクロ試験およびシミュレーションによるナゲット形状の比較を示す．温度依存の物性値（熱伝導度，導電率，降伏応力等）を適正に選択することにより，マクロ試験とほぼ同様な形状が再現できている．これにより，不具合が発生した溶接部に対し断面マクロ試験

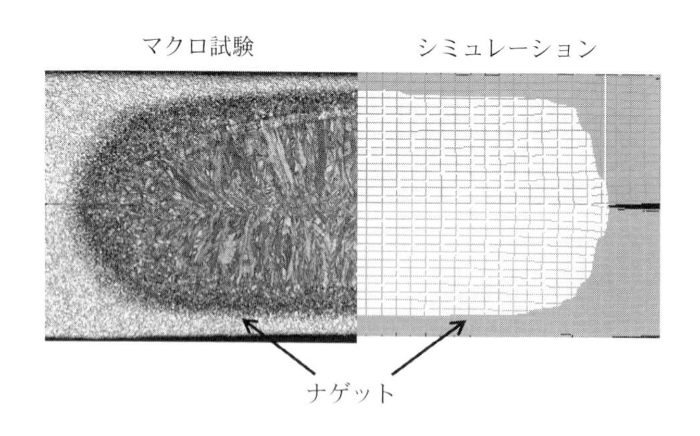

図2.2.4　ナゲット形状のシミュレーション

を実施しナゲット形状を求め，その形状を再現する溶接条件をシミュレーションから求めることにより，不具合発生原因を推定できる．また防止策として，１次側電圧低下や加圧力変動が生じても，規定のナゲット径を維持できる適正溶接条件の絞り込みをシミュレーションにより行うこともできる．

当所では受託研究にて，各種評価試験とシミュレーションを組み合わせ，上記技術課題の解決を図っている．

参考文献

1）原沢秀明：溶接学会誌，**77**(2008)，582.

魅力あるものづくりを続けるための
デザイン活用について

Column 1　魅力あるものづくりを続けるために

製造業者は技術が良くて当り前，なのに価格競争に陥りがちです．その状況を打破するために技術開発に注力している企業は少なくありません．

技術価値を高めるために，分析試験を重ねて製品性能の見える化をし，他社より一歩二歩先をゆく品質向上を目指すことが製造業者の使命です．

ただ，技術は良いのになかなか売上に結びつかない，技術開発と経営資源，売り上げのバランスが整わないなどの課題をもつ企業が多いのも現状です．

この状況を切り抜けるには…

→**Column 2** (p.56) へ

第3章

金属材料の表面改質技術

3.1 微粒子ピーニングによるアルミニウム高強度化技術

中村　紀夫

3.1.1　微粒子ピーニング技術

アルミニウム合金は比重が小さいことから，輸送機関の車体の軽量化ならびに燃費の向上のために使用され，その使用量は増加しつつある．しかしながら，疲労強度，耐摩耗性および耐熱性が十分でないために，これらの特性が要求される部品には適用が進んでいないのが現状である．そこで当所では，アルミニウム合金の高強度化技術として，㈱不二 WPC の協力により，微粒子ピーニングによる表面改質に取り組んでいる．本節では，微粒子ピーニングによりアルミニウム合金に形成されるナノ複合組織ならびにその機械的性質について解説する．

微粒子ピーニング（Fine Particle Bombardment：FPB）は図 3.1.1 に示すようなショットピーニングの一種で，鉄鋼材料の表面改質に広く使われている．通常のショットピーニングに比べ格段に微細な，粒径 100 μm 以下の投射材を用いる．これを材料表面に 100 m/s 以上の高速で衝突させること

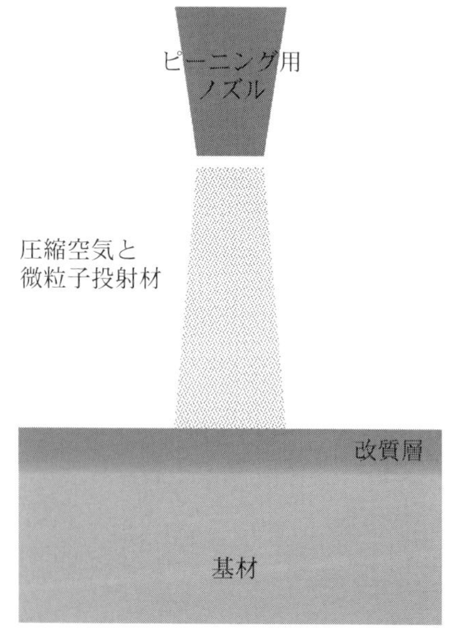

図 3.1.1　微粒子ピーニングの模式図

により，表面直下に高い圧縮残留応力を付与することが可能な表面処理方法である．また，微粒子衝突時には多段，多方向，非同期な超強加工が起こり，表面のナノ結晶化[1]による表面硬度の向上も同時に行われる．これにより，耐摩耗性や疲労強度が向上し，歯車やばね等の鉄鋼材料部品の信頼性向上に大きく寄与している．

3.1.2　微粒子ピーニングによるアルミニウム合金の表面改質

当所では，この微粒子ピーニングをアルミニウム合金に適用した結果，ナノ結晶化だけではなく，投射材の一部が複合化したナノ複合組織の形成を明らかにした[2]．一例として，焼鈍した純アルミニウム(A1070-O)に，粒径53 μm以下の1.0% Cの炭素鋼を用いて微粒子ピーニング処理した後の表面改質層を，断面方向から観察した反射電子像を図3.1.2に示す．表面の凹凸は微粒子の衝突により形成されたものである．反射電子像では原子番号が大きいほどコントラストは白く観察されるので，表面より5～10 μm深さまで母相のアルミニウムより原子番号の大きな元素を含む領域が形成されていることがわかる．またその下層には図3.1.3に示すように，塑性変形により結晶粒径が1 μm程度に微細化した加工硬化領域が観察される．

図3.1.2(b)に示したように，表面近傍には1 μm以下の無数の白い粒子がマトリックスと複合化しているのがわかる．元素分析した結果，無数の粒子

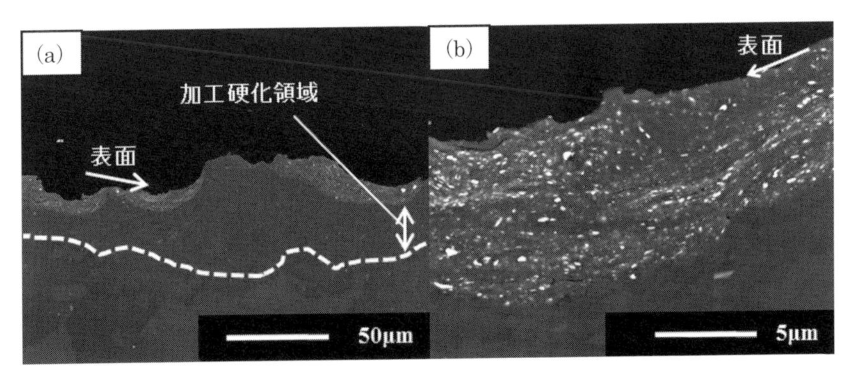

図3.1.2　炭素鋼を用いて微粒子ピーニング処理したA1070の表面改質層
(a)断面方向からの反射電子像，(b)拡大像

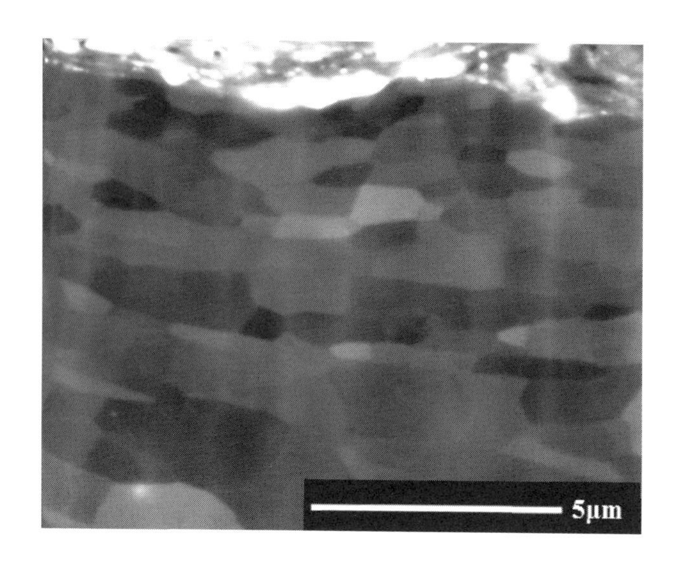

図 3.1.3　複合組織直下のアルミニウム母相（反射電子像）

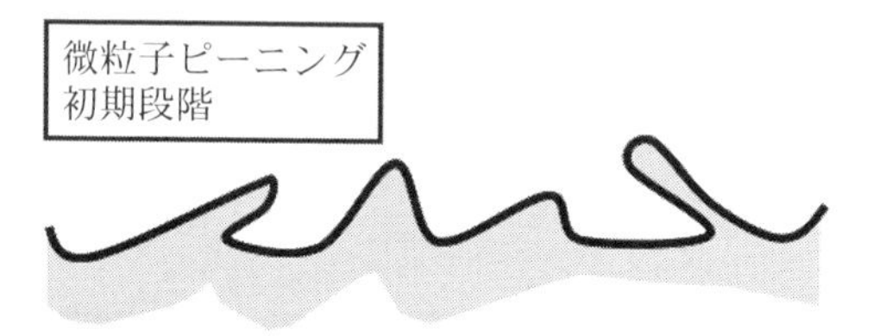

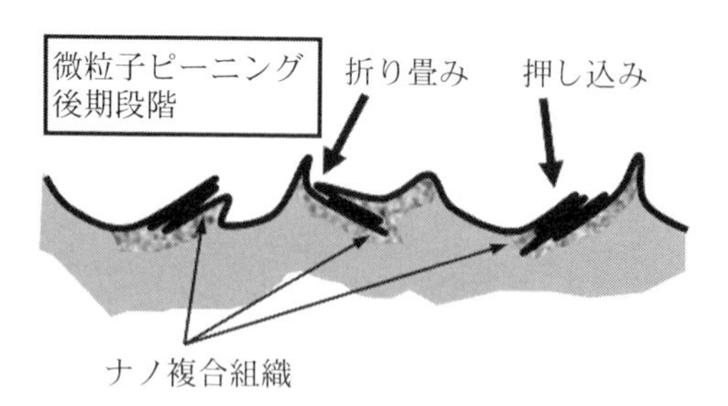

図 3.1.4　投射材複合化過程の模式図 [2)]

はFeを主体としており，投射材として用いた炭素鋼であることが明らかである．ここで用いた投射材は53 μm以下であったが，複合化している粒子径は1 μm以下と非常に微細である．これは図3.1.4の模式図で示すように，投射材が表面に衝突した際に投射材の一部が凝着により脱落し，さらなる投射材の衝突により内部に押し込まれることにより複合化したものである[3]．

3.1.3　表面改質層におけるナノ複合組織の形成

次に，微粒子ピーニング処理により形成された表面改質層をさらに詳細に検討するため，図3.1.2 (b) の領域をTEM観察した結果を図3.1.5に示す．明視野像で観察される黒い粒子は炭素鋼が分散したものであり，先の図3.1.2 (b) では判別が困難であったさらに微細な粒子も複合化しているのがわかる．一方，暗視野像においてコントラストが明るく観察される領域は，ある特定の結晶方位で回折されたアルミニウムの結晶粒である．つまり，母相の結晶粒径は100 nm以下に微細化されていることがわかる．このようにアルミニウムの結晶粒径が100 nm以下に微細化され，さらに投射材も100 nm以下の粒子として複合化されることから，この組織を「ナノ複合組織」と呼んでいる[2]．

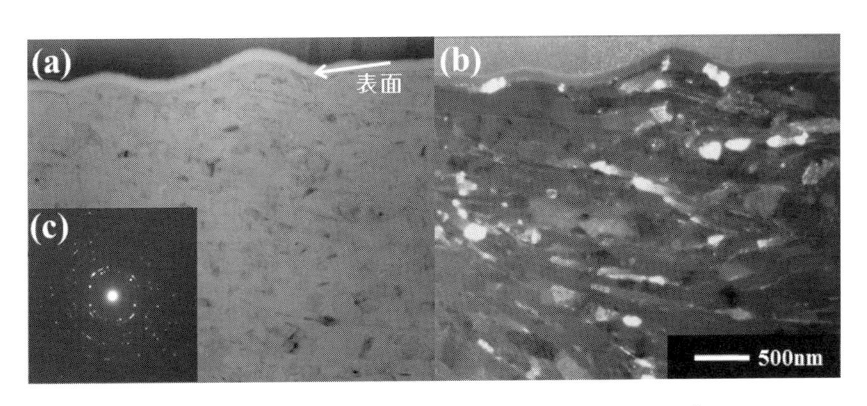

図3.1.5　微粒子ピーニング処理したA1070のTEM像
(a) 明視野像，(b) 暗視野像，(c) 制限視野回折図形

3.1.4 ナノ複合組織の機械的性質

機械的性質としてビッカース硬さを評価した結果を表3.1.1に示す．比較のため，一般にアルミニウム合金の中で最も硬い超々ジュラルミン(A7075-T6)の硬さを合わせて表記してある．用いたA1070-Oは40 HV程度と非常に軟らかい材料であったが，形成されるナノ複合組織は200 HV程度と非常に硬くなっており，その硬さはA7075-T6を凌駕する．一般に結晶粒径が小さい材料ほど硬いことが知られている．そこで，先の図3.1.5(b)で示した暗視野像から画像処理ソフトを用いて，ナノ複合組織内のアルミニウム母相の結晶粒の面積を算出し，その平方根を取ることによって結晶粒径を評価した結果，平均粒径は83 nmであった．他の投射材を用いた場合にも同様に結晶粒径を評価したところ，結晶粒径と強度の関係はホールペッチ[4,5]の関係とよく一致していた．したがって，この高硬度化の主たる原因は，超微細な結晶粒径を有するナノ複合組織の形成に起因するものと考えている[3]．

表3.1.1　ナノ複合組織のビッカース硬さ

測定領域	ナノ複合組織(A1070-O)		超々ジュラルミン(A7075-T6)
炭素鋼を用いた場合	最小　155.4	平均 195.9	平均　159.1
	最大　241.4		

3.1.5 DLCへの応用展開

微粒子ピーニングによるアルミニウム高強度化技術は，表面の高硬度化だけでなく，表面の凹凸形状による潤滑特性の向上や，異種金属の複合化による他の表面処理の前処理等にも応用することができる．当所ではこの技術を利用し，これまで困難であったアルミニウム合金へのダイヤモンドライクカーボン(Diamond-Like Carbon：DLC)コーティング技術を開発した．これは異種金属の複合化により中間層を形成させ，高密着なコーティング膜を被覆することが可能な技術である．このように，必要とする機能を表面に付与できる技術として今後も本技術の実用展開を図っていく．

参考文献

1) S. Takagi, M. Kumagai, Y. Ito, S. Konuma and E. Shirnodaira: Tetsu-to-Hagane, **92** (2006), 318.

2) N. Nakamura and S. Takagi: Materials Transactions, **52** (2011), 380.

3) N. Nakamura and S. Takagi: Keikinzoku, **61** (2011), 155.

4) E. O. Hall: Proc. Phys. Soc, London B **64** (1951), 747.

5) N. J. Petch: J. Iron Steel Inst., **174** (1953), 25.

3.2 熱処理再現試験装置を活用した鉄鋼材料の組織制御

高木　眞一，佐野　明彦，中村　紀夫

鉄鋼材料は，自動車用ボディから建築部材，機械部品類，金型，工具に至るまで応用範囲の広さという点では，比類を見ない構造材料である．その理由は，鉄鋼中に現れる相の種類とその形態を，熱処理を駆使して制御することにより，様々な性質を付与できるという鉄鋼の冶金学的特徴にある．鉄鋼の熱処理は，表面硬化処理等も含めると実に多様であり，熱処理業として一定の雇用を担う産業としても重要である．

最近，鉄鋼材料のさらなる性能向上に加えて，生産のグローバル化や熱処理工程の省エネルギー化に対応するために，より高精度で複雑な熱処理技術が求められている．当所に寄せられる技術相談においても，高速加熱冷却を伴う熱処理や，加熱と冷却を繰り返す複雑な熱処理を，精度良く実施したいというニーズが増えている．そこで，当所では平成23年度に，こうしたニーズに応えるために熱処理再現試験装置を導入し，熱処理技術の支援と研究に活用している．本節では，本装置を活用した鉄鋼材料の熱処理事例を紹介する．

3.2.1　熱処理再現試験装置の概要

図3.2.1に本装置の外観写真を示す．熱処理を実施する真空チャンバー，真空排気装置（ロータリーポンプ），高周波誘導加熱および直接通電加熱用の各電源，装置の動作を統合する制御装置，熱処理パターンの設定やデータの保存を行うPCで構成されている．設計に際しては，特に加熱および冷却速度を広範囲に制御できること，複雑な熱処理パターンを高精度に制御でき

ること，引張試験や衝撃試験等に供することが可能な大きさの試験片を処理できることを重視した．

表 3.2.1 に本装置の基本仕様を示す．加熱速度を広範囲かつ高精度に制御するために，試験片のみが加熱される高周波誘導加熱方式および直接通電加熱方式を採用した．また，熱電対を試験片の表面に直接スポット溶接して試験片の正確な温度を計測し，加熱制御している．冷却については，N_2 ガスや He ガスの噴射によるガス冷却と，直接水を噴射する水冷，および水と空気を混合したミストによる冷却が可能である．このうちガス冷却は最大

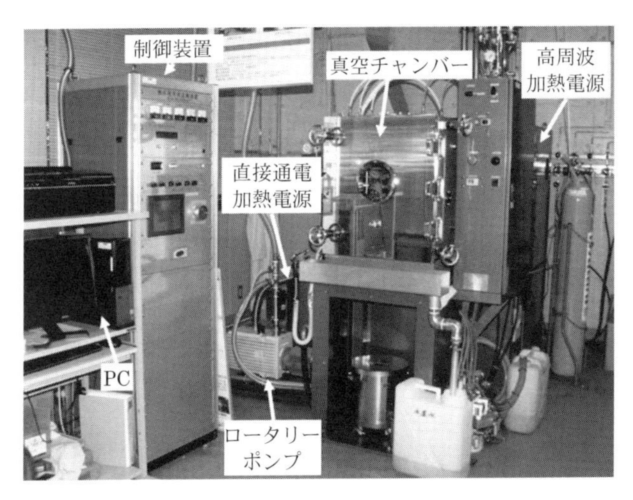

図 3.2.1　熱処理再現試験装置の外観写真

表 3.2.1　熱処理再現試験装置の仕様

高周波誘導加熱	電子管方式 定格出力：15 kW 発振周波数：100 kHz
直接通電加熱	サイリスタ位相制御方式 容量：45 kVA
最高加熱温度	1350℃（鉄鋼材料）
加熱速度	最大 100℃ /sec（鉄鋼材料）
冷却速度	最大 100℃ /sec（He ガス制御冷却） 400℃ /sec 以上（水冷）
温度計測	R，K 熱電対（制御用 1 ch，モニター用 5 ch）
熱処理雰囲気	真空および不活性ガス雰囲気

100℃ /sec 程度までの範囲内で制御冷却が可能である．

図 3.2.2 にチャンバー内部の構造を模式的に示す．高周波誘導加熱方式の場合には，図 3.2.2 (a) のように加熱コイルの内部に試験片を配置する．加熱コイルは二重管構造になっており，内側の管に開けた小さな孔からガスや水の冷媒を噴射する構造となっている．薄い板材のように高周波誘導加熱が困難な試験片に対しては，図 3.2.2 (b) のように直接通電加熱方式を用いる．この場合は冷媒を噴射するための専用ノズルを装着して冷却する．加熱および制御冷却中の温度は熱電対から制御装置へフィードバックされ，設定通りの熱処理が可能な仕様となっている．以下に本装置を用いて実施した熱処理実験の事例を 3 件紹介する．

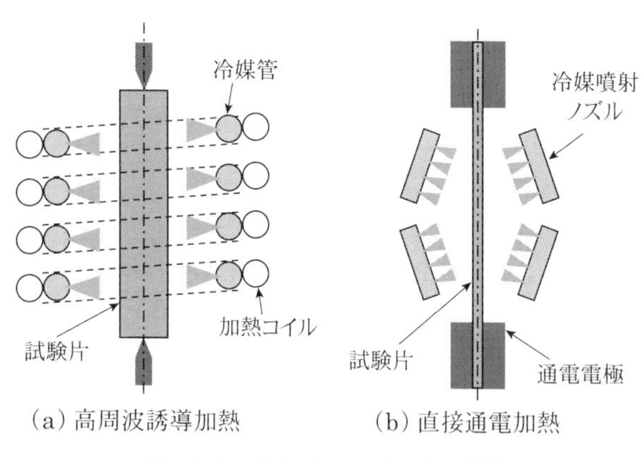

図 3.2.2　真空チャンバー内の構造

3.2.2　機械構造用合金鋼 SCM435 の組織変化

鉄鋼の焼入れ処理において，高温のオーステナイトからの相変態に及ぼす冷却速度の影響を知ることは基本的に重要である．ここでは代表的な機械構造用合金鋼である SCM435 における相変態挙動を本装置により調べた事例を紹介する．

実験には直径 6 mm，長さ 50 mm の丸棒を用いた．図 3.2.2 (a) に示した高周波誘導加熱方式により 850℃に加熱後，He ガスおよび N_2 ガスによる

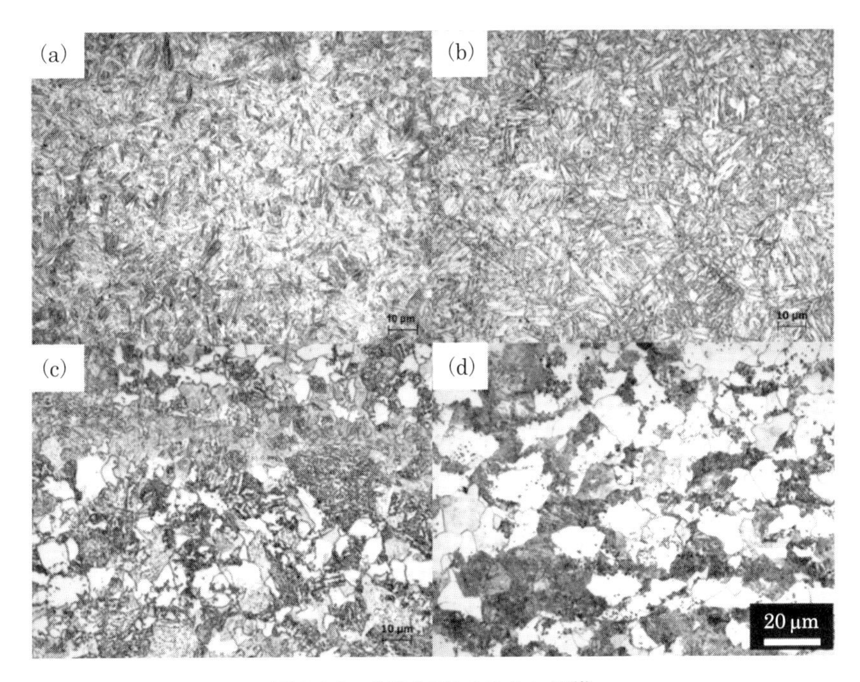

図 3.2.3　SCM435 のミクロ組織
(a) He ガス急冷，(b) N_2 ガス急冷，(c) 2℃ /sec，(d) 0.3℃ /sec.

急冷に加えて，2℃ /sec，0.3℃ /sec の制御冷却を各々実施した．図 3.2.3 に各条件で冷却後のミクロ組織を示す．冷却速度が 0.3℃ /sec (図 3.2.3 (d)) では白色の初析フェライトと黒色のパーライトの混合組織が，また He や N_2 ガス急冷 (図 3.2.3 (a), (b)) ではマルテンサイト組織が，それぞれ観察される．冷却速度が 2℃ /sec (図 3.2.3 (c)) の場合には，これらの組織とは異なり，少量の白色に見える初析フェライト以外に灰色や黒色に見える組織が多量に生成している．

図 3.2.4 に各条件における冷却曲線を実線で示す．オーステナイトの相変態挙動に及ぼす冷却速度の影響を示した図は，連続冷却変態 (CCT) 線図として知られている．図 3.2.4 中には SCM435 鋼とほぼ同組成の CCT 線図[1)] を重ねて破線で示した．この図から He ガス急冷ではマルテンサイト変態が起こり，0.3℃ /sec ではフェライトとパーライトの混合組織が形成されるこ

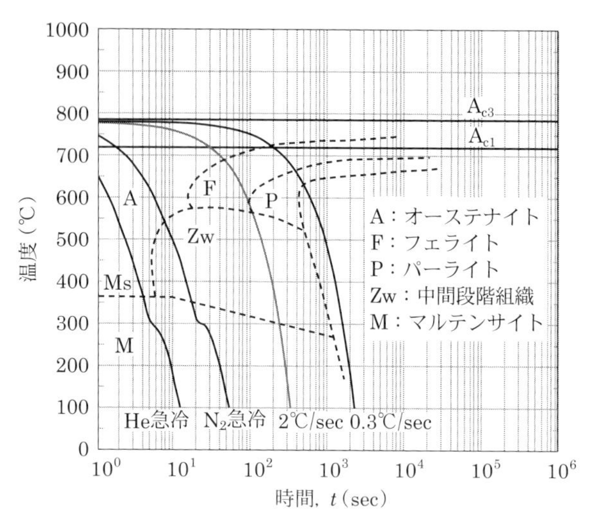

図 3.2.4　SCM435 の冷却曲線

とが理解できる．図 3.2.3 のミクロ組織もこれと一致している．冷却速度が 2℃ /sec と N_2 ガス急冷では，図中の Zw 領域を通過している．Zw は中間段階組織 [2] と呼ばれ，形態の崩れたパーライト組織やベイナイト，マルテンサイト組織の混合組織である．図 3.2.3 の組織写真を見ると，N_2 ガス急冷では中間段階組織の体積率が低く明瞭でないが，2℃ /sec では灰色や黒色の領域として明瞭に観察される．

3.2.3　炭素工具鋼 SK85 のオーステンパー処理

オーステンパー処理は，高温のオーステナイトをパーライト組織が生成する温度以下，マルテンサイト変態を開始する温度 (Ms 点) 以上の温度域に焼入れ，保持することによって，ベイナイト変態させる熱処理であり，高張力鋼鈑，ばね材，ダクタイル鋳鉄部品等に実用されている．オーステナイト域からパーライト組織の生成を回避して，短時間に所定の温度域に焼入れる必要があるので，一般に塩浴熱処理等の特殊な設備がないと実施は難しい．本装置を用いれば，このような事例にも対応することができる．以下に，SK85 鋼のオーステンパー処理の事例を紹介する．

実験には厚さ 1.0 mm，幅 15 mm，長さ 120 mm の薄板試験片を用いた．図 3.2.2 (b) に示した直接通電加熱方式により 890℃に 10 分間保持した後，He ガス噴射により 300℃, 350℃, 400℃の各温度に焼入れ, 保持した．また，比較として室温まで水ミスト急冷しマルテンサイト変態させた試料も準備した．図 3.2.5 にこれらの冷却曲線を示す．いずれの条件についても 890℃から約 3 秒で所定の温度に焼入れを完了し，保持できていることがわかる．図3.2.6に各温度に保持した試料のミクロ組織を示す. これらの写真からパーライトの生成を回避して各温度に焼入れできたと判断される．図 3.2.6 の組織写真を一見すると焼入れ温度によるミクロ組織に顕著な差異は認められないが，ビッカース硬さを計測すると明確な違いがあることがわかった．すなわち，水ミスト急冷材は鉄鋼のマルテンサイトのほぼ限界硬さとなる 869 HV に達する一方，オーステンパー処理材は，焼入れ温度が 300℃，350℃，400℃と上昇するに伴って，596 HV，486 HV，432 HV と硬さが大幅に減少した．そこで，走査電子顕微鏡により 300℃および 400℃にオーステンパー処理した時のミクロ組織を観察した (図 3.2.7)．図の矢印で示したよう

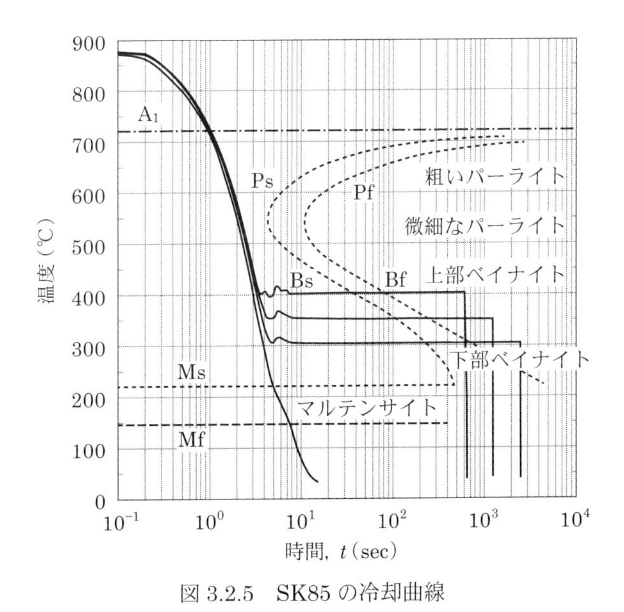

図 3.2.5　SK85 の冷却曲線

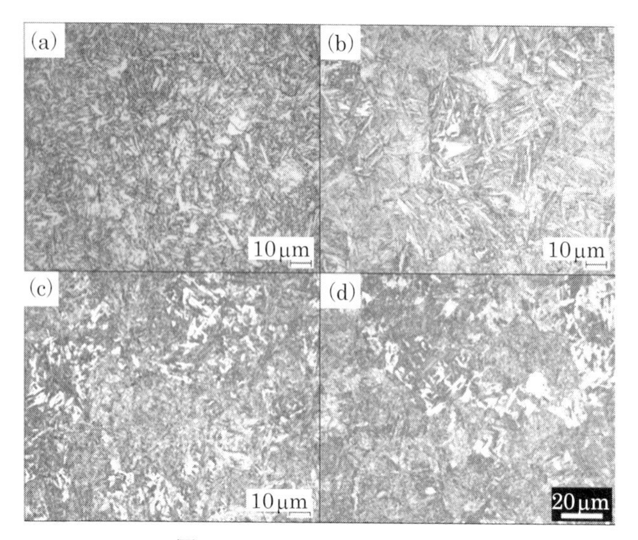

図 3.2.6　SK85 のミクロ組織

(a) 水ミスト急冷，(b) 300℃焼入れ，(c) 350℃焼入れ，(d) 400℃焼入れ.

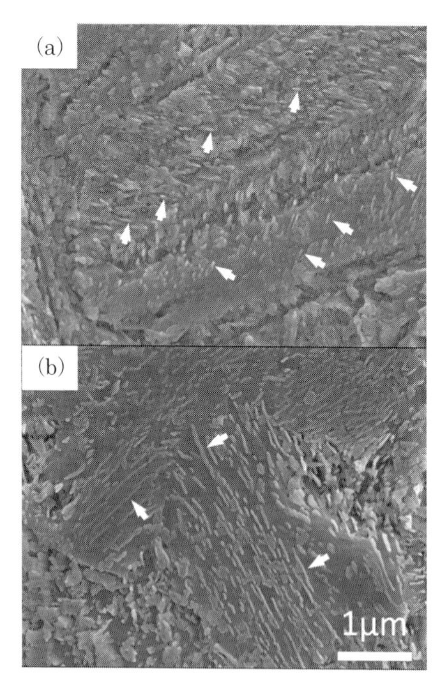

図 3.2.7　SK85 の走査電子顕微鏡像．(a) 300℃焼入れ，(b) 400℃焼入れ.

に，300℃の場合には微細なセメンタイト(Fe_3C)が分散しているのに対して，400℃では比較的粗大な板状のセメンタイトが生成している．前者は下部ベイナイト，後者は上部ベイナイトとそれぞれ分類されるものである．以上の組織観察結果から判断した恒温変態線図を図3.2.5中に重ねて，破線で書き込んだ．このように本装置を用いて，マルテンサイトおよびオーステンパーによるベイナイトの各組織を作り分けることができる．

3.2.4　高速度工具鋼SKH51の炭化物析出

高速度工具鋼の熱処理は，焼入れ温度が1200℃を超える液相線直下に達するため，焼入れ加熱温度，加熱時間，焼入れ時の冷却速度など高精度な温度制御が要求される．ここでは代表的高速度工具鋼であるSKH51鋼の焼入れ加熱後の冷却速度が炭化物析出に及ぼす影響を調査した事例を紹介する．

11 mm角の立方体試料を1240℃で60秒加熱した後，冷却速度が速い順にHeガス急冷，N_2ガス急冷，2℃/secの制御冷却を各々施した．図3.2.8に冷却後のミクロ組織を示す．冷却速度が遅くなるにしたがって，旧オーステナイト粒界が太く明瞭になり，粒内も灰色に腐食されて観察される．図3.2.9に電子線マイクロアナライザーを用いて合金元素の分布状態を測定した結果を示す．冷却速度が最も遅い2℃/secの場合には，特に旧オーステナイト粒界上にCr, V, W, Mo, Cの濃化が認められることから，これらの合金炭化物が冷却中に粒界上に析出していることがわかる．旧オーステナイト粒界上の合金炭化物は，工具や金型の靭性を著しく劣化させる原因となる．このような熱処理試験により合金炭化物の粒界析出を抑制するために必要な冷却速度を明確に知ることができる．

以上，当所で保有している熱処理再現試験装置を用いた熱処理実験の事例を紹介した．これらは熱処理技術者にとっては比較的わかりやすい例であるが，本装置はさらに複雑な多段熱処理にも対応可能である．材料の種類や合金組成の変更に伴う熱処理工程の改良，新合金の開発，学術研究など本装置の活用法は多岐にわたると考えている．また，本装置は熱処理技術者の人材育成のための研修にも利用されている．本装置が熱処理およびその関連産業の発展に寄与できれば幸いである．

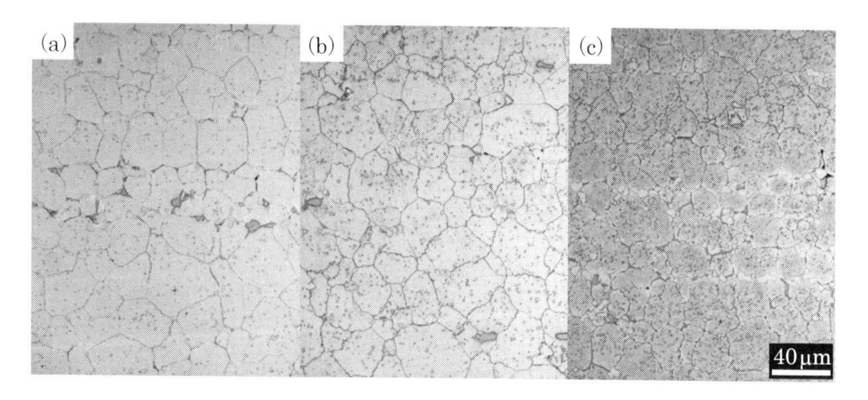

図 3.2.8　SKH51 のミクロ組織
(a) He ガス急冷，(b) N_2 ガス急冷，(c) 2℃ /sec.

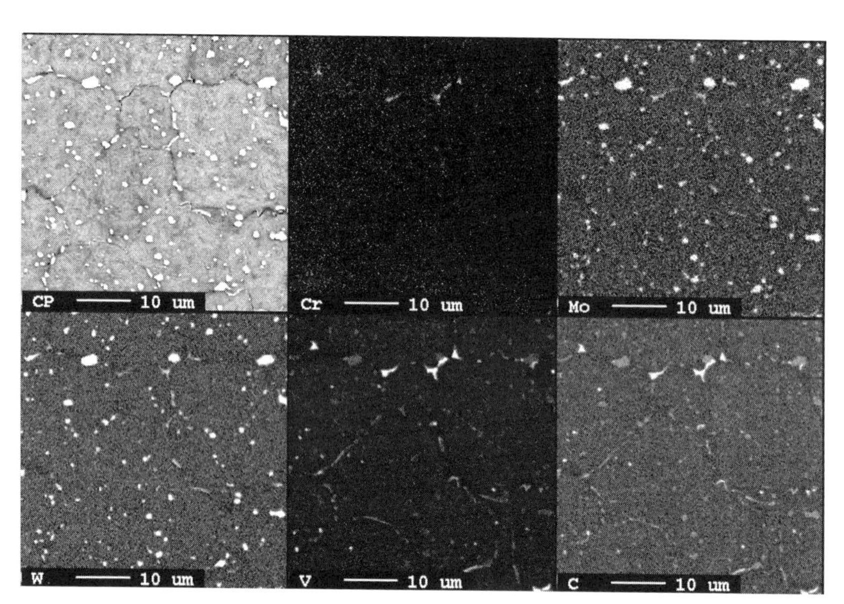

図 3.2.9　電子線マイクロアナライザーによる元素分布測定結果（2℃ /sec 冷却材）

参考文献

1) 日本金属学会編：金属データブック　改訂 3 版，丸善，(2000)，p.446.
2) 谷野 満，鈴木 茂：鉄鋼材料の科学，内田老鶴圃，(2001)，p.90.

3.3 レーザ粉体肉盛溶接による表面硬化層形成技術

薩田　寿隆

3.3.1 レーザ粉体肉盛溶接技術とは

相手材同士で繰り返し摺動する機械部品は，材料表面の耐摩耗性が装置や機械の稼働率もしくは寿命に影響を及ぼすため，多くの場合表面硬化処理が施される．摩耗が著しい部材には，厚い硬化層が必要で，溶接や溶射により硬質肉盛層を形成する技術が利用される．なかでもプラズマ粉体肉盛溶接は，熱源にプラズマを，溶接材に粉末を用いて，不活性なアルゴン雰囲気中で溶接を行うため，表面は平滑で内部には空孔が少ない肉盛層を形成できる．線材に成形できない成分でも粉末にて供給できるため，幅広い組成の肉盛層を形成できる．製鉄用圧延ロール，自動車のエンジンバルブ，射出成型機のスクリュー等様々な分野で広く利用されている．

一方，プラズマ熱源をレーザに置き替えたレーザ粉体肉盛溶接は，入熱域を小さい範囲に抑えることができるため，薄い対象物に肉盛ができる．たとえば，工業用カッターの刃先への硬化層形成[1]，航空機や火力発電用ガスタービンのタービンブレード等のエンジン部品補修[2,3]等に利用されている．この方法では，昇温される領域が小さいため，基材との温度勾配は大きくなり，レーザ光が通過したのちは急激に温度低下が起こり急冷される．たとえば鉄鋼材料に適用すれば焼入れ硬化が期待できる．また，金属粉末と化合物を混合した粉末を用い，レーザ照射速度を高め高温に保持される時間を短くすることにより，化合物の分解を抑制できるので，金属マトリックス中に化合物が分散した肉盛層の形成も可能となる．化合物の種類に応じて，耐摩耗性や耐熱性が要求される部材への適用が期待できる．

このように，レーザ粉体肉盛溶接技術は今後も適用対象が拡大していくことが期待される．しかし，設備費が高額なため，導入は大企業や受託加工を請け負う企業に留まっているのが現状である．そこで当所では，中小企業が利用しやすい環境を整備することを目的に，レーザ粉体肉盛溶接の設備を平成26年に導入した.本節ではこの設備の特徴を紹介し,事例として軟鋼板（一般構造用圧延鋼材 SS400）上へ形成させたマルテンサイト系ステンレス鋼粉末による肉盛層の特性について述べる．

3.3.2　レーザ粉体肉盛溶接装置の特徴

図 3.3.1 に装置構成を，表 3.3.1 に主な仕様を示す．発振器から出たレーザ光は光ファイバー内を伝送され，ロボットアーム先端に設けた出射光学系により集光され，対象物表面を溶融する．粉末は，供給装置からアルゴンガスにより搬出され，出射光学系先端のノズル内に設けた出射口から溶融部に供給される．出射光学系は 6 軸駆動のロボットアーム先端に取り付けられ

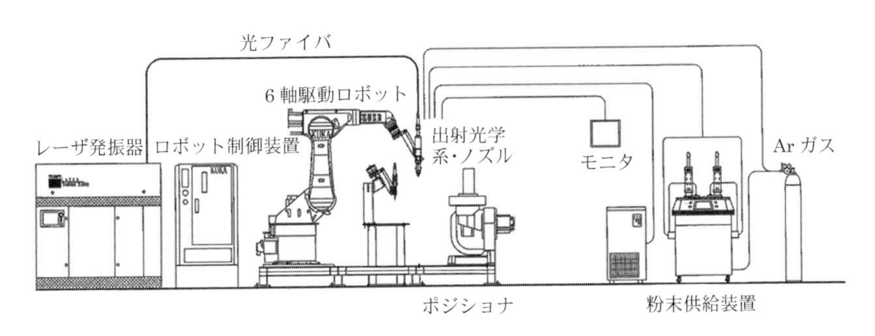

図 3.3.1　レーザ粉体肉盛溶接機の構成

表 3.3.1　レーザ溶接機の主な仕様

機種	TRUMPF 製 TruDisk3006
レーザ発振方法	YAG（媒質：ディスク）
波長	1.03 μm
最大出力	3 kW（連続）
ビーム径	ϕ 1～7 mm
単層肉盛厚さ	0.1～1.8 mm
シングルビード幅	0.3～5.0 mm

ているため，対象物の形状に対する自由度が高く，3 次元立体構造体の形成，肉盛および補修等の様々な用途に対応可能である．以下に主な特徴を記す．

粉末供給装置はポッドを 2 体有し，2 種類の粉末を個々の供給量を変えながらノズル先端から噴射できる．金属系粉末と化合物系粉末を同時に供給し，金属マトリックス中に化合物が分散する肉盛層も形成することが可能である．

出射光学系内には，レーザ光と同軸に観察用光学系が組み込まれており，モニタを見ながらレーザ照射位置を確認できる．これにより移動位置座標のティーチングを短時間で行うことができる．またレーザ照射中には溶融池およびスパッタ発生の状況を観察できる．さらに，出射光学系内には，モータによるレンズ駆動機構が組み込まれており，ロボットの動きと同期させビーム径を変化させることが可能である．この機構は，たとえばタービンブレード先端のように，場所により幅が変化する形状に対する肉盛に活用できる．幅が広い領域にはビーム径を広げ照射速度を落とし，幅が狭い領域ではビーム径を狭め照射速度を上げることにより，1 回の照射で一定の厚みで幅の異なる肉盛層を形成できる．

またノズルからの粉末噴出方法に工夫がなされている．図 3.3.2 に示すように，ノズル先端にはレーザ光の出射口周りに 120° の等間隔で 3 つの粉末出射口が設けられ，ノズルの移動方向に対し肉盛ビード形状が影響を受けにくい構成となっている．

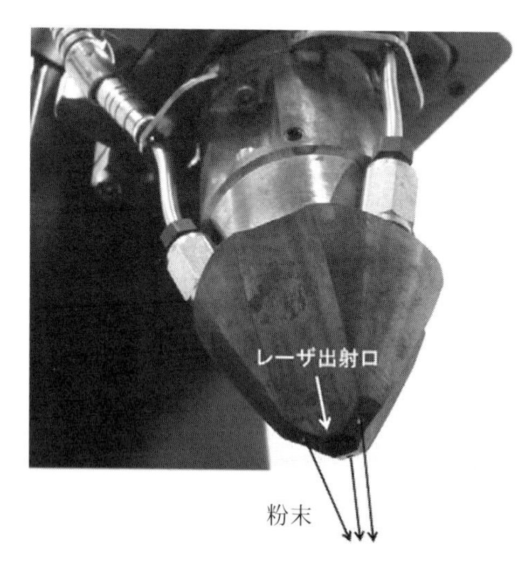

図 3.3.2　出射光学系先端ノズル

3.3.3　ステンレス鋼粉末を用いた肉盛層形成

本装置を用いて実施した肉盛実験の事例を紹介する．耐食性と硬度を兼ね備えた肉盛層の形成を目的に，市販のマルテンサイト系ステンレス鋼粉末を用いた．粉末の外観 SEM 像を図 3.3.3 (a) に示す．一部に細長い粉末が見られるが，おおむね球形であり表面も平滑であることがわかる．図 3.3.3 (b) は粉末の断面金属組織写真である．肉盛層内に生じるブローホールの原因となる気泡は粉末内部に認められない．予備実験により，安定した多層肉盛が可能な条件を選定した．実験条件を表 3.3.2 に示す．試験片は，軟鋼板のフライス加工面とした．予熱は行わず，1 層 3 パスおよび 3 層 3 パスの肉盛溶接を行った．その際各パスが重なるように，2 mm ずつ平行移動させた．ワイヤ放電加工により肉盛部を切り出し，断面の金属組織観察（ナイタルによるエッチング）およびビッカース硬さ試験（試験力：100 gf）に供した．

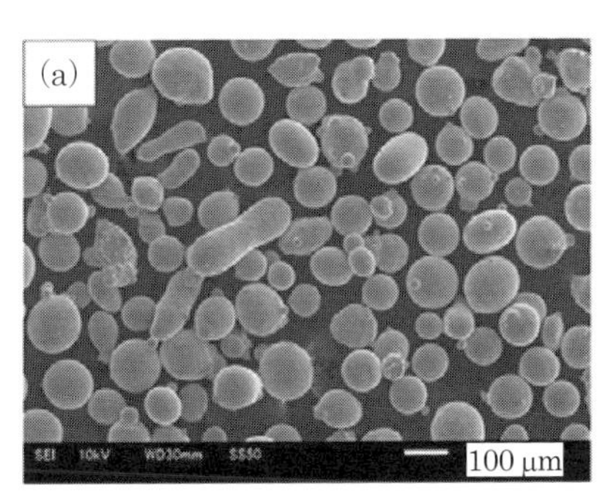

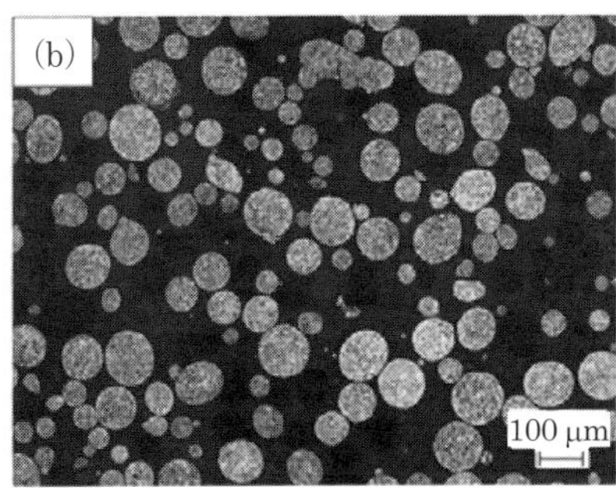

図 3.3.3　粉末の外観 (a) および断面金属組織 (b)

表 3.3.2　肉盛溶接の実験条件

レーザ出力	2 kW
ビーム径	φ 4.3 mm
レーザ照射速度	0.01 m/s
粉末	SUS420（粒径：45～125 μm）
粉末供給速度	15.3 g/min
シールドガス	Ar（流量：10 l / min）

3.3.4　マルテンサイト変態による肉盛層の硬化

図 3.3.4 に 3 パスで 1 層の肉盛層断面のマクロ組織および硬さ分布を示す．写真に示した実線は硬さ測定位置，破線は母材表面，点線は各パスのおおむねの境界を示す．マクロ組織でエッチングされず明るく見える領域のうち，母材表面より上部が肉盛層，下部が希釈層である．レーザ照射時に溶融池内の溶融金属は流動するので [4)]，肉盛層と希釈層はほぼ同一組成となると考えられる．3 パスにおける縦方向の硬さ分布において，肉盛層と希釈層に差が見られないのはこのことを裏付けている．

希釈層の下の濃くエッチングされる部分は，母材がレーザ照射によって熱影響を受けた領域である．希釈層境界近傍の硬さは 500 HV であり，母材硬さ 120 HV に比べ硬化している．レーザ照射時に母材融点近傍まで昇温され，レーザ照射後の急冷によりマルテンサイト変態が生じ硬度が上昇したと考えられる．

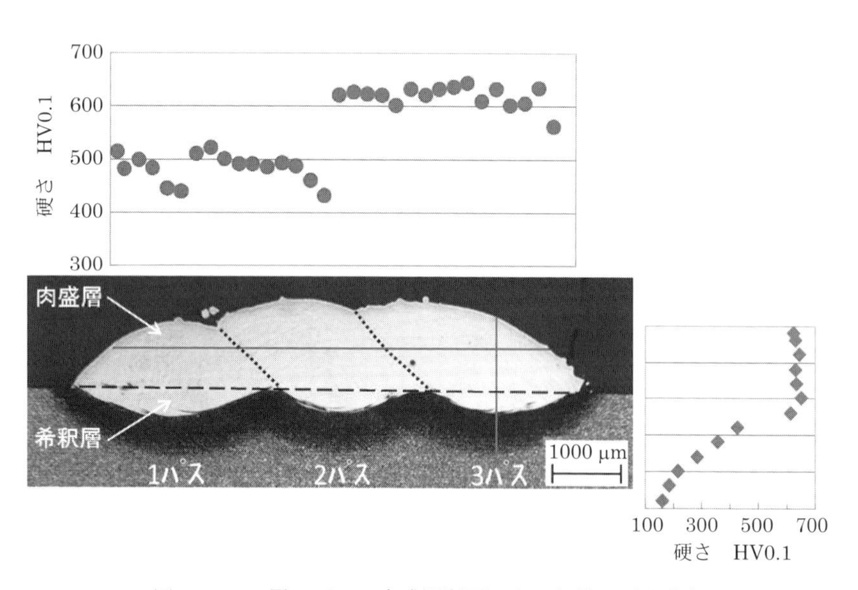

図 3.3.4　1 層 3 パスの肉盛層断面マクロ組織と硬さ分布

次に肉盛層の横方向の硬さ変化について述べる．測定位置は肉盛層厚みの 1/2 の場所で，測定ピッチは 0.2 mm とした．場所による硬さの変動が認められ，3 パスの硬さの値が一番大きく 600 HV 前後となっている．3 パスは後続パスがないので凝固後急冷され，マルテンサイト変態による硬化が生じている．2 パスにおいては，中央付近を境に大きな硬度差が生じている．2 パス肉盛終了時は，3 パスと同様にマルテンサイト組織になりほぼ均一の硬さになっていたはずである．しかし，3 パス肉盛時の昇温による熱影響を受け，到達温度の違いで硬度差が生じたと思われる．すなわち 3 パス側は，融点付近まで昇温され焼入れ状態となり，600 HV 程度の硬さとなった．一方，1 パス側に向けて到達温度は徐々に低下するため，焼入れ温度域に到達しない領域では，焼戻し状態となり硬度低下が生じた．同様に 1 パスにおいても 2 パス肉盛時には，2 パス側は焼入れ状態になり硬度が 600 HV 程度まで上昇し，2 パスと同様の硬さ分布になったはずである．その後の 3 パス肉盛時には，焼戻し温度域に昇温されたため 400～500 HV に硬度低下したと考えられる．

以上により，1 層肉盛溶接の場合，各パス肉盛後マルテンサイト変態により一旦硬化し，後続パスによる熱影響により硬さ変動を生じたと考えると実験結果が良く説明できる．

3.3.5　多層盛溶接により形成された均一硬化層

次に多層盛溶接の結果を述べる．図 3.3.5 に 3 パスを 3 層重ねた肉盛層断面マクロ組織と硬さ分布を示す．希釈層の深さすなわち溶込み深さは，図 3.3.4 と比べると，1 パスは深く，2 および 3 パスは浅くなっている．これは，試験片の加工面粗さが異なっていたことによる影響と考えられる．両者の面粗さを比較すると図 3.3.5 に用いた試験片のほうが表面の面粗さは大きい．粗さが大きいとレーザ吸収率は上昇し，入熱量が増加するため 1 パスの母材溶込みは深くなる．しかしながら，母材への入熱量は増えても，溶込みの拡大に伴う固相から液相への相変態による潜熱量の増加により，溶融金属の温度低下とそれによる流動性の低下が起こり，1 パス終了時の肉盛層は凸状になったと思われる．次の 2 パスの形成時では 1 パス止端部の傾斜が大き

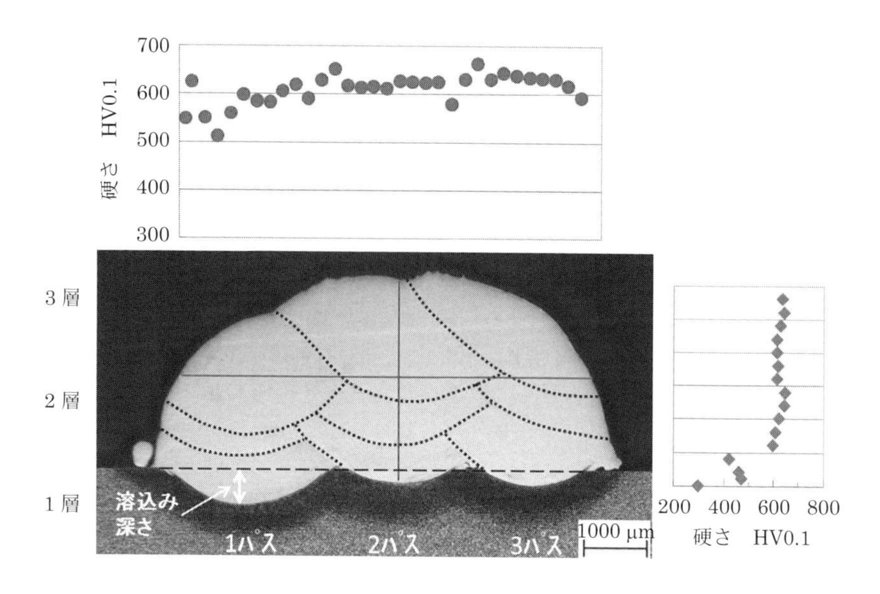

図 3.3.5　3 層 3 パスの肉盛層断面マクロ組織と硬さ分布

い側面でレーザ光は散乱されるため,母材に投入されたエネルギーは減少し,2 パスの溶込み深さが減少したと考えられる．さらに，2 パスに投入されたエネルギー減少による溶融金属の温度低下により，1 パスと同様 2 パスは凸形状となり止端部斜面の傾斜は大きくなったと推察される．3 パス形成時も同様に 2 パス止端部のレーザ光散乱により，溶込みは浅くなった．このように，表面粗さや表面の傾斜が肉盛層形状に影響を及ぼす．

次に肉盛層の硬さ分布について述べる．2 パス位置の縦方向の硬さを調べると，1 層内は 300～500 HV であり，図 3.3.4 の 1 層のみに比べ硬度が低下している．多層盛の場合，後続パス数が多いので，それらによる熱影響と考えられる．横方向の硬さは，肉盛層厚みの 1/2 の位置すなわち 3 層目の真ん中から下側に相当する位置で測定を行った．左端を除き 600 HV 前後の硬さとなっている．これは, 2 層目までの溶接により試験片が充分に昇温され, 3 層の肉盛開始から終了時の間では，マルテンサイト変態開始温度以上に温度が保持されたためと考えられる．すなわち 3 層肉盛時において，いずれのパスもオーステナイト組織であり，後続パスによる昇温による組織変化は生じない．レーザ照射後の冷却時に3層の全パスが一斉にマルテンサイトに変態し，硬さは一定となったと思われる．

以上，当所に導入したレーザ粉体肉盛溶接装置の特徴を紹介するとともに，軟鋼板上に形成したマルテンサイト系ステンレス鋼粉末による硬化層の特性を紹介した．引き続き，鉄基をはじめとしてニッケル基やコバルト基等の様々な組成の粉末を用いて肉盛実験を行い，肉盛層特性のデータ蓄積を図っていく予定である．

参考文献

1）金安 力：溶射技術，**34**（2014），69.

2）S. Nowotny, S. Scharek, E. Beyer: J. Therm. Spray Tech., **16** (2007), 344.

3）牧野吉延，日野武久，河野 渉，伊藤勝康：溶接技術，**60**（2012），63.

4）D. M. Goodarzi, J. Pekkarinen and A. Salminen: J. Laser Appl., **27** (2015), S2901-1.

魅力あるものづくりを続けるための
デザイン活用について

Column 2　アイデアをカタチにする

「もの」が溢れている今，製品の性能・機能の新しさだけで，消費者の心に刺さる魅力を打ち出すことは難しくなっています．それは，企業が一般消費者向けに製品づくりをするB to C（(Business to Consumer)においての話だけではなく，B to B（(Business to Business)といわれる企業間の製品販売についても同様です．

自社のアイデアをカタチにするために，技術の裏付けと「売れる商品づくり」＝売れる仕組みを構築することが大切です．

当所では，分析・試験など技術課題の解決，研究開発にかかわる支援のほか，デザインの導入と活用によって，商品の高付加価値化，競争力強化を図っていただくためのデザイン支援を実施しています．

→**Column 3**（p.88）へ

第4章

DLC コーティング技術とその応用

4.1 アルミニウム合金へのDLCコーティング技術

加納　眞

自動車の大幅な燃費改善に向けて，低燃費エンジンを搭載した乗用車が市場に多く投入されている．これらのエンジンに要求されるキーワードとして“低摩擦”と“軽量化”があげられる．軽量金属材料の代表であるアルミニウム合金は鉄鋼材料に比べ耐摩耗性が低いために，アルミ摺動部品にはアルマイト処理や硬質メッキ等の表面処理が行われている．しかしながら，これらの表面処理により耐摩耗性は改善されるものの顕著な低摩擦化は得られない．一方，これらの特性を両立できるDLC (Diamond-Like Carbon) コーティングは，鉄鋼材料を基材とする摺動部品への適用が拡大しているが[1]，DLCの主成分である炭素はアルミニウムとの親和性が低いために膜の密着性が乏しく，アルミニウム合金基材への実用化は進んでいない．

そこで，第3章で紹介した日本独自の技術である微粒子ピーニング処理とDLCコーティングを複合化することにより，アルミニウム合金エンジン部品への高い密着・耐摩耗性と低摩擦特性を有するDLCコーティング技術の開発に取り組んだ[2, 3]．この開発は，NEDO平成21年度大学発事業創出実用化研究を通じて，㈱不二WPCが事業責任者となって実施されたものである．

4.1.1　DLC複合表面処理技術

本技術のポイントは，タングステン微粒子ピーニングによるアルミニウム合金基材の表面改質と，その表面粗さ凸部を小さくした基材へのDLCコーティング（プラズマCVD法による厚さ1 μmのa-C:H膜）を複合化したところにある．

平均粒子径 20 μm 程度のタングステン微粒子をアルミ合金基材に投射することにより，基材表層部にタングステン微粒子が練りこまれた約 10 μm 厚さの分散層と，それに連続した約 50 μm 厚さの硬化層が同時に形成される．微粒子ピーニング処理後の断面は図 4.1.1 に示すように，表層にタングステン微粒子（白色部）が練りこまれた組織が得られるが，表面が粗くなるために DLC をコーティングすると凸部に DLC 膜が厚く不均一に形成されてしまう．そこで，表面を軽く研磨し凸部を除去した基材に DLC をコーティングすることにより，図 4.1.1 の右側の写真に示すような均一な DLC 膜を形成させることができる．

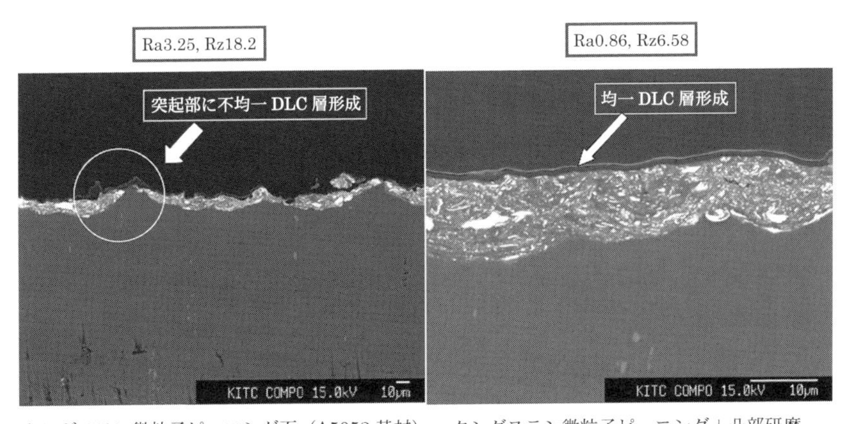

タングステン微粒子ピーニング面（A5052 基材）　タングステン微粒子ピーニング＋凸部研磨

図 4.1.1　DLC 膜の形成状況（断面：反射電子組成像）

4.1.2　DLC 被膜の密着・耐摩耗性と摩擦特性

アルミニウム合金にコーティングした DLC 被膜の密着・耐摩耗性を評価するために，A5052 と A2017 の 2 種類のアルミ合金円板試験片に DLC を成膜し，アルミナ製のボールを相手とした摩擦試験を行った．アルミニウム合金の表面を，①平滑仕上げ，② ピーニング処理のまま，③凸部除去に加工した 3 種類の基材上にそれぞれ DLC 膜を形成し，連続荷重増加すべり試験法[4,5]により，摩擦係数が急上昇する荷重を限界荷重として求めた．その結果，図 4.1.2 に示すように，従来の平滑面にコーティングした DLC 膜に比べ本開発仕様では，2 種類のアルミニウム合金基材のいずれに対しても40％以上限界荷重が増加しており，大幅な密着・耐摩耗性の向上効果が認められた．

また，DLC をコーティングした試験片を用いた単体摩擦試験により，エンジン油潤滑下の条件で，コートなしの試験片に比べ摩擦係数を約 50％以上低減できる低摩擦特性が得られており，エンジン性能や燃費向上への貢献が期待されている．

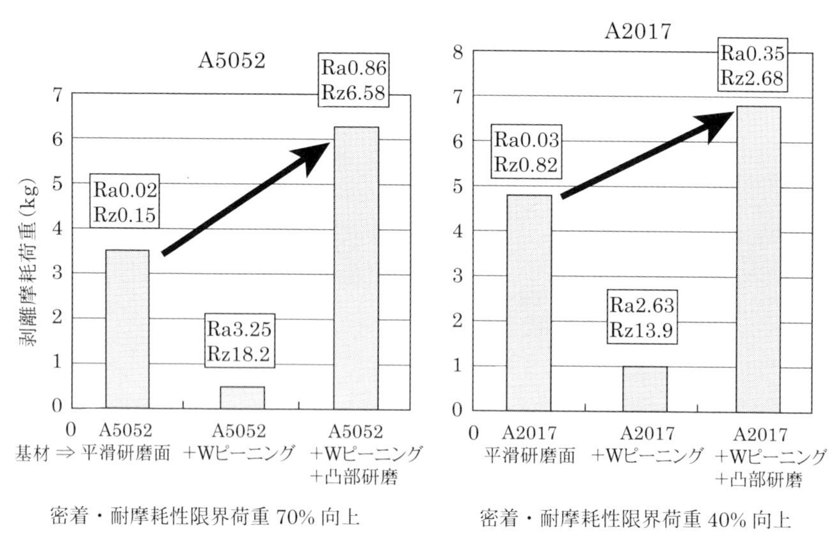

図 4.1.2　DLC 複合表面処理による密着・耐摩耗性向上

4.1.3　ピストン，シリンダーへの適用

これらの部品用のアルミ合金としては，耐摩耗性向上を狙い，硬く大きなシリコン化合物を多量に析出させるために一般に高シリコン含有合金が選ばれる．このため，ピストン用には A4032 合金が，シリンダー用には AC8C 鋳造合金等が汎用されている．しかしながら，大きなシリコン析出物は，タングステン微粒子ピーニング処理により割れ，クラックが形成されてしまう

ために，その後にDLCをコーティングしても膜の高い密着・耐摩耗性が得られなかった．そこで，ピストン基材には，シリコンをほとんど含有しないA2618合金を，シリンダーにはシリコン含有量が少ないAC2A等を用いることにより，高い密着・耐摩耗性を確保した．また，微粒子ピーニング処理によりランダムな凹凸形状が形成され，凹部ディンプルが潤滑油保持用の油溜まりとなるために，従来のエンジンに形成されているピストン摺動面の条痕溝とシリンダーのクロスハッチ形状溝の加工は行う必要がない．

4.1.4 実機エンジンによる実用性評価

図4.1.3に示すように，ピストンとシリンダーの両方にDLC複合表面処理したライナーレスのガソリンエンジンについては，すでに短時間の実機エンジン評価で優れた耐摩耗性を確認している．特に興味深い結果としては，DLCコートピストンとタングステン微粒子ピーニング処理シリンダーとの組み合わせの方が，DLCコート同士よりも摩耗状況が軽微であったことである．その組み合わせは，実用化における生産性やコスト面で有利と思われる．ピストン単品としては，モータサイクル・ガソリンエンジンに搭載し，実際の耐久レースで使用実績をあげている (図4.1.4)．

本節で紹介したアルミニウム合金基材へのDLC複合表面処理技術は，摩

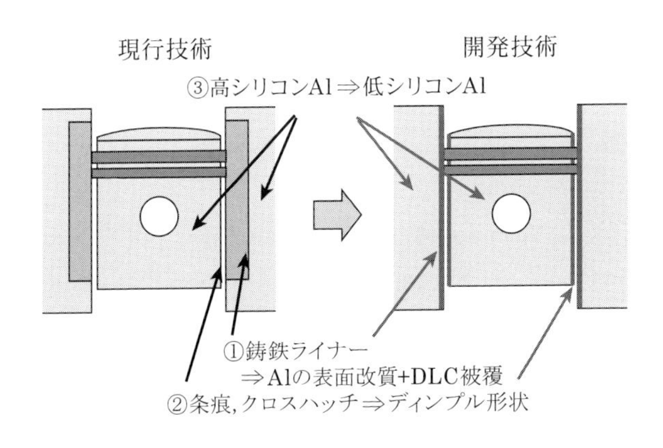

図4.1.3　従来エンジンと開発エンジンの違い

図 4.1.4　DLC コートピストン搭載モータバイク
（鈴鹿サーキット 4h 耐久レース 6 位完走）

擦・摩耗条件が過酷な自動車エンジン部品に限らず，種々の産業に適用可能である．当所では，アルミニウム合金摺動部品の低摩擦化および耐摩耗性向上を目的とする工業製品開発に向けた技術支援を行っている．

参考文献

1）Y. Mabuchi, T. Hamada, H. Izumi, Y. Yasuda and M. Kano: SAE Paper, 2007-01-1752.

2）加納 眞：ニューダイヤモンド, **26** No.1 (2010), 59.

3）T. Horiuchi, M. Kano, K. Yoshida, M. Kumagai and T. Suzuki: Tribology Online, **5** No.3 (2010), 136.

4）T. Horiuchi, K. Yoshida, M. Kano, M. Kumagai and T. Suzuki: Plasma Processes and Polymers, **6** (2009), 410.

5）T. Horiuchi, K. Yoshida, M. Kano, M. Kumagai and T. Suzuki: Tribology Online, **5** No.3 (2010), 129.

4.2 環境調和型潤滑剤を用いたDLC膜の“超”低摩擦化技術

吉田　健太郎

4.2.1　地球環境とトライボロジー

近年，地球環境保護の観点から，低燃費車，エコマシニング，省エネ家電，自然エネルギー発電などのような環境負荷を低減する技術が数多く開発されている．これらの機器・機械の動力伝達部には常に2物体間の接触による摺動が起こり，少なからず摩擦によるエネルギーロスが生じている．このため，摩擦を抑制することはさらなる環境負荷低減に大きく貢献すると考えられる．摩擦を抑制する技術の1つとして，炭素系硬質被膜であるDLC (Diamond-Like Carbon) 膜を用いた技術が注目されている．DLC膜は，その主な構成元素が炭素と水素であることから生態系に有害な元素を含まず，さらには低摩擦性，耐摩耗性などの優れたトライボロジー特性を持つことから，金型やドライ加工の分野ですでに実用化が進んでいる[1]．また，潤滑剤が存在する条件においても，DLC膜と潤滑剤含有成分との相互作用による反応膜の形成が良好な摩擦特性を発現するため[2]，自動車部品，切削工具などの分野での実用化も進められている．しかしながら，通常のエンジン油等の潤滑油中には，人体に有害な物質や環境負荷を増大させる添加剤が多く含有されており，環境負荷の低い潤滑剤（環境調和型潤滑剤）を用いた低摩擦化技術の実現が要望されている．

当所では，環境調和型潤滑剤とDLC膜という環境適合性の高い材料同士を上手く組み合わせることにより，低摩擦特性が得られることを見出した．本節ではこれまでに得られた成果の概要について解説する．

4.2.2　各種環境調和型潤滑剤と DLC 膜の摩擦特性

鋼基板にコーティングした DLC 膜の摩擦特性を評価するために，SUJ2 円板試験片に典型的な 2 種類の DLC 膜を成膜した．ひとつは Plasma Chemical Vapor Deposition 法による水素含有 DLC (a-C:H) で，もうひとつは Filtered Arc Deposition 法による水素フリー DLC (ta-C) である．ここで用いた ta-C 膜は，大学で研究された製造法[3)] を，当所の協力の下で企業が成膜技術として実用化した[4)] ものである．上記の円板試験片上に種々の環境調和型潤滑剤を滴下し，SUJ2 製のボールを相手材としたボールオンディスク摩擦試験を行った．

その結果，図 4.2.1 に示すように乳酸以外のすべての潤滑剤で，DLC 膜は SUJ2 に比べて同程度もしくはそれ以下の摩擦係数を示すことが認められた．乳酸は酸性度が強い (pH 3.86) ため鋼との化学反応が起こり，SUJ2 でも摩擦係数が小さかったと推察される．a-C:H に比べ ta-C は摩擦係数が低い傾向があり，潤滑剤によっては著しく低い摩擦係数を示した．本実験により，DLC の摩擦係数は，潤滑剤の粘度や分子量との関係性は小さく，潤滑剤に含まれる水酸基やカルボキシル基のような極性基の有無や，エステル結合等の結合状態に大きく影響されることが見出された．

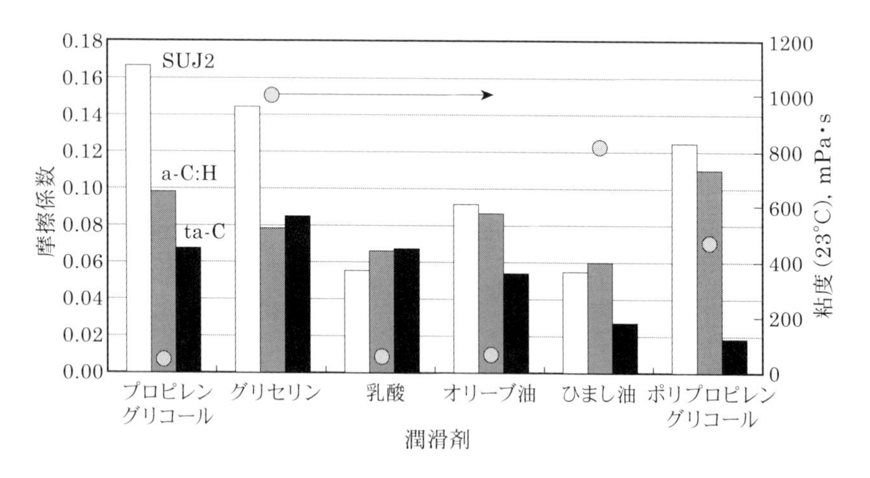

図 4.2.1　各種潤滑剤に対する DLC 摩擦特性

4.2.3 DLC 膜の摩擦を低減させる「トライボ化学反応」

潤滑剤を用いたDLC膜の低摩擦化技術において，潤滑剤に含まれる極性基が摩擦低減に及ぼす効果について述べる．ここでは潤滑剤としてオリーブオイルの主成分でカルボキシル基を有する有機酸であるオレイン酸を用いた．a-C:H 同士および ta-C 同士の摩擦特性を調べるため，一方向回転ピンオンディスク摩擦試験法により，常温常圧下にて 30 分間試験を行った．摩擦試験装置の概略図を図 4.2.2 に示す．回転するディスクと，ピン円筒部を接触（線接触）させ，ピン上部から 5 N の荷重をかけ，すべり速度は 50 mm/s で一定の条件とした．潤滑剤のオレイン酸は，マイクロピペットを用いて 10 μl を試験開始前に摺動領域となるディスク表面に滴下した．

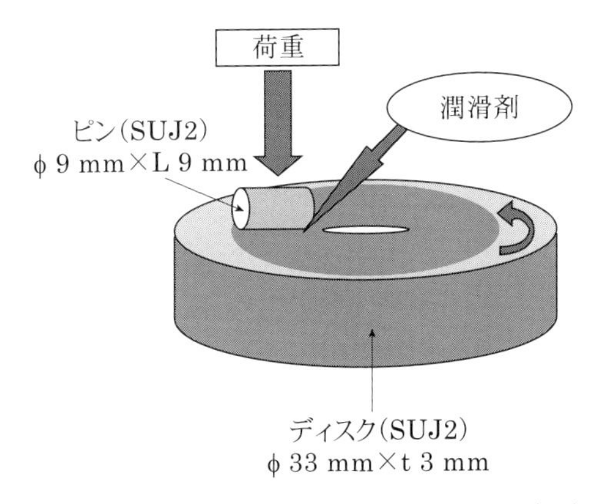

図 4.2.2 回転式ピンオンディスク摩擦試験の概略図

本試験による摩擦係数の経時変化を図 4.2.3 に示す[5]．ta-C は試験開始直後 5 秒程度で摩擦係数が 0.01 以下の超低摩擦特性を示し，その後 30 分間 0.005～0.006 の値をほぼ維持し続けた．a-C:H ではすべり時間が 300 秒程度の段階で摩擦係数が 0.04～0.05 付近で安定した．ta-C の摩擦係数は a-C:H に比べて 1/5 以下であり，また摩擦係数が安定するまでの時間も著しく短い．このような摩擦特性の違いは，摩擦によって生じる「トライボ化学反応」という，DLC 膜と潤滑剤中の極性基の化学反応に起因すると考えられ

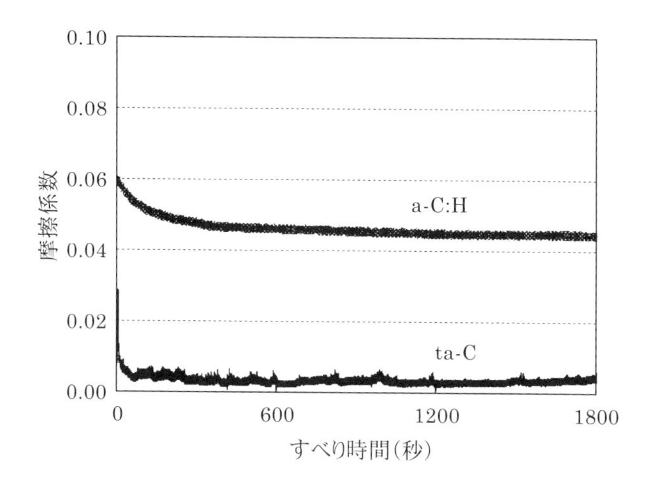

図 4.2.3　a-C:H および ta-C のオレイン酸潤滑下における摩擦係数

ている[5-7].

4.2.4　潤滑剤中の極性基の役割

潤滑剤が DLC 膜と化学反応するのであれば，用いる潤滑剤と DLC 膜の組み合わせにより反応性の大小が存在するはずである．そこで a-C:H 同士と ta-C 同士のそれぞれに対し，極性基のない 1-ヘキサデセン，およびカルボキシル基を有するオレイン酸，水酸基を有するオレイルアルコール，計 3 種類の潤滑剤を用いて摩擦特性を評価した．図 4.2.2 の試験法で，すべり速度を 100 mm/s から 0.01 mm/s に減速させ，すべり速度，潤滑剤の粘度，および材料の表面粗さから算出した「油膜厚さ比 λ」(潤滑状態を表す指標で，大きいほど油膜が厚く，材料同士の直接接触が抑制される) と，得られた摩擦係数との関係性を比較した．その結果を図 4.2.4 に示す[8].

(a) の 1-ヘキサデセンでは，ta-C は a-C:H に比べて摩擦係数の変化が大きく，$\lambda < 0.1$ で著しく高い値を示したが，(b) のオレイン酸とオレイルアルコールでは，λ 値の全領域で ta-C の方が低い摩擦係数を示した．このことは，ta-C は極性基との反応性が高いことを意味しており，その結果，図 4.2.3 に示したような超低摩擦特性が発現したものと推測される．極性基を有する潤

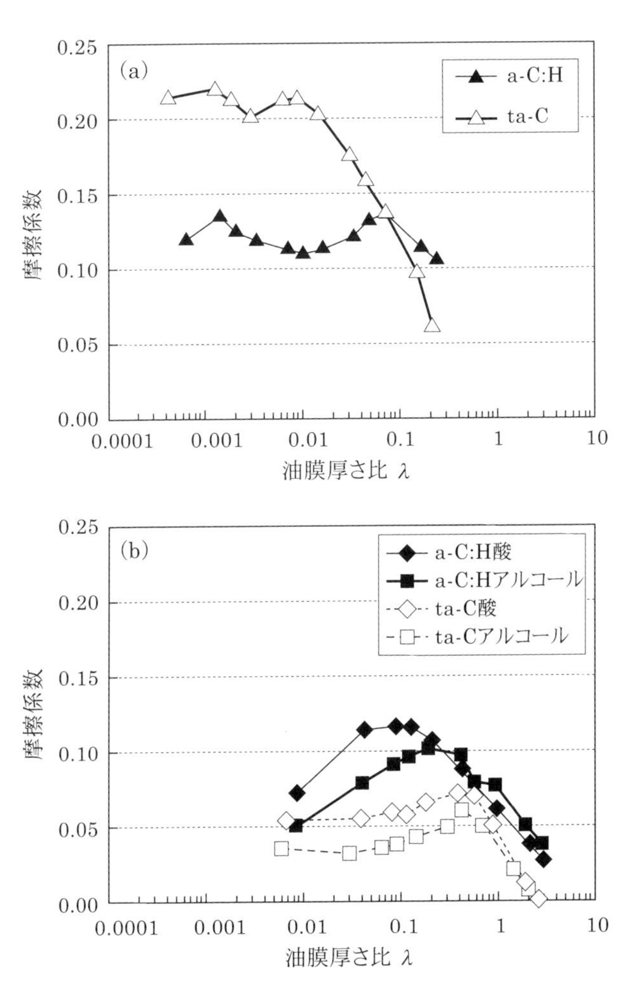

図 4.2.4　油膜厚さ比 λ と摩擦係数の関係
(a) 1-ヘキサデセン，(b) オレイン酸，オレイルアルコール

滑剤を用いた場合には，極性基とDLC膜との化学反応によってDLC膜上にトライボ化学反応膜が生成すると考えられており，特にta-Cは反応膜が生成しやすいことが摩擦部の表面分析等からも明らかとなっている．

本節で紹介した“超”低摩擦特性は，材料が「炭素」・「水素」・「酸素」といった非常にシンプルな構成元素からなり，かつ環境に優しい材料成分だけの組み合わせにより具現化されている．品質の高いDLC膜と環境調和型潤滑剤を組み合わせた本技術は，日本独自の環境技術として成長するポテンシャルを有している．当所では，DLC膜に限らず種々の材料の潤滑下における摩擦摩耗特性の評価を，依頼試験や受託研究を通じて実施している．

参考文献

1) H. Fukui, J. Okida, N. Omori, H. Moriguchi and K. Tsuda: Surf. Coat. Technol., **187** (2004), 70.

2) S. Okuda, T. Dewa and T. Sagawa: SAE Paper, 2007-01-1979 (2007).

3) M. Kamiya, H.Tanoue, H. Takikawa, M. Taki, Y. Hasegawa and M. Kumagai: Vacuum, **83** (2009), 510.

4) 神奈川県産業技術センター技術支援成果事例集，(2014)，13.

5) 吉田健太郎，加納 眞，益子正文，川口雅弘，J. M. マルタン：トライボロジスト，**58** No.10 (2013)，773.

6) J. Ye, Y. Okamoto and Y. Yasuda: Trib. Lett., **29** (2008), 53.

7) C. Matta, L. Joly-Pottuz, M. I. De Barros Bouchet, J. M. Martin, M. Kano, Qing Zhang and W. A. Goddard, Ⅲ : Phys. Rev. B, **78** (2008), 085436.

8) 神奈川県産業技術センター研究報告，**20** (2014)，34.

4.3 環境調和型アルミニウム切削技術

横田　知宏

金属材料の切削では，切削点の冷却，工具表面の潤滑，切りくずの排出などのために切削液（切削油剤）を用いる場合が多くある．しかしながら切削液の使用には，切削液を供給するためのポンプ稼働による電力消費や多量の廃油処理など地球環境に対する悪影響や，オイルミストによる悪臭や工場の汚れ，作業者の健康被害といった作業環境に対する悪影響など，多くの問題がある．そのため，切削液をできるだけ使用しない切削技術の開発が望まれている．これまでに，切削液を使用しないドライ切削や，ごく少量の切削液を使用するニアドライ切削に関して多くの研究がなされ，鉄鋼材料などの切削に実用化されつつある．しかしながら，アルミニウム合金に対しては切削液を大量に使用した方法がいまだ主流である．この理由は，工具へのアルミニウム合金の溶着を防止して加工精度を得るのに，現状では大量の切削液を切削点に供給する必要があるためである．このような現状を打破するため，当所では切削液の使用量を削減した低環境負荷のアルミニウム合金切削技術の開発に取り組んできた[1-5]．本節では，アルミニウム合金のニアドライ切削およびドライ切削についての取り組みを紹介する．

4.3.1 アルミニウム合金切削時の問題と切削液の役割

アルミニウム合金は融点が低く延性が大きいため，切削時に工具表面への溶着を生じやすい材料である．図 4.3.1 に，超硬工具を用いてドライでアルミニウム合金を旋盤加工したときの，切削前と後の工具表面の状態を示す．

図 4.3.1　アルミニウム合金のドライ切削前後の超硬工具の状態

アルミニウム合金のドライ切削では，多くの場合図のように工具表面に溶着が生じる．この溶着により，加工面が荒れる，寸法精度が低下する，工具が欠損するなどの問題が生じる．そのため，アルミニウム合金の切削においては，工具への溶着をできるだけ低減することが重要である．

アルミニウム合金切削における切削液の役割の１つは，切りくずと工具表面との接触時の摩擦係数を低い状態にし，工具への溶着を防止することで

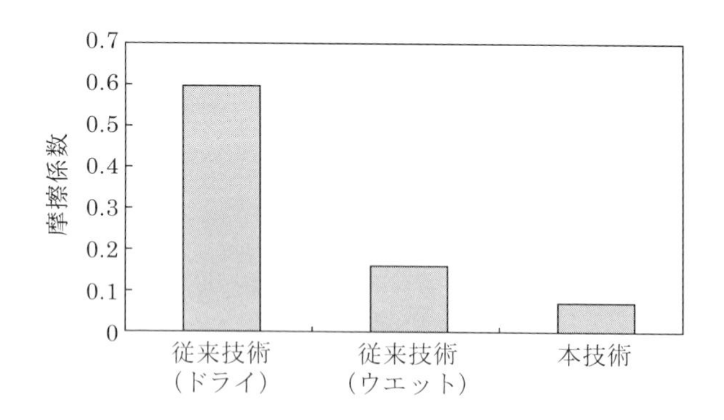

図 4.3.2　ボールオンディスク摩擦試験

ある．図 4.3.2 に，切りくずと工具表面との摩擦を想定したボールオンディスク摩擦試験の結果を示す．ボールにアルミニウム合金 A5052 を，ディスクに工具素材である超硬合金を用いて，ドライとウェットを比較した．潤滑剤を用いないドライでの摩擦係数は約 0.6 と高くなった．これは，試験を開始した直後に超硬ディスクの表面にアルミニウムの溶着が発生したためである．一方，アルミニウム合金のウェット切削に用いられる水溶性切削液を潤滑剤として用いた場合，溶着は発生せず摩擦係数は約 0.16 であった．

このように，水溶性切削液を用いることでアルミニウム合金と超硬工具との間の摩擦係数が低くなるが，切削中の工具への溶着を抑制するには，従来技術のように水溶性切削液を大量に供給する必要がある．すなわち，環境負荷低減を目的として切削液の使用量を削減する場合，工具への溶着を防止するためには，切りくずと工具表面との間の摩擦係数をさらに低い状態にする技術が必要である．

4.3.2　IPA と DLC 工具を組み合わせたニアドライ切削

切りくずと工具表面との間の摩擦係数をさらに低い状態にする手法として，当所ではアルコール潤滑と DLC (Diamond-Like Carbon) コーティングの組み合わせに着目した．DLC の摩擦において，アルコールを潤滑剤として用いた場合に極めて摩擦係数が低くなる特性が報告されている．そこで，イソプロピルアルコール (IPA) を潤滑剤として選定し，DLC とアルミニウム合金との摩擦における摩擦係数を評価した．ボールオンディスク摩擦試験において，超硬ディスクに DLC をコーティングし，IPA を潤滑剤として用いた試験を行ったところ，図 4.3.2 に示すように摩擦係数は約 0.07 となり，水溶性切削液を用いた場合より低いことがわかった．そこで，この組み合わせによる低摩擦特性を基に，IPA を切削液として用い，それをごく少量切削点に供給するミスト切削法を開発した[1)]．

超硬工具に DLC をコーティングした工具を用いて旋盤によるアルミニウム合金の切削実験を行い，少量の IPA をミスト供給したときの切削性能を，切削液を使用しないドライ切削，および水溶性切削液を大量供給したウェット切削と比較した．図 4.3.3 に，各切削方法による加工面の状態を示

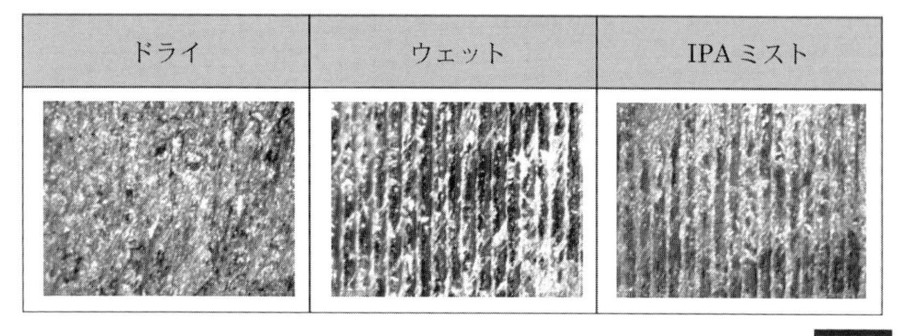

図 4.3.3　各切削方法による加工面の状態

す．ウェットと IPA ミストの場合，切削条痕（縦のすじ）が明確に現れているのに対し，ドライの場合では切削条痕が認められなかった．切削条痕が現れたことは，工具すくい面へのアルミニウムの溶着が抑制されていたことを示している．図 4.3.4 には，各切削方法の切削抵抗を示した．IPA ミストの場合の切削抵抗は，ドライに比べて大きく低減しており，ウェットに近い値であった．

以上のように，供給量の少ない IPA ミストによる切削でもウェットに近い良好な加工面と低い切削抵抗が得られることを見出した．これらの効果は，IPA と DLC の組み合わせによる工具すくい面の低摩擦特性が主因であると考えている．さらに，アルコールと水を混合することで冷却能力が増し，より切削性能が向上することを見出している[2)]．

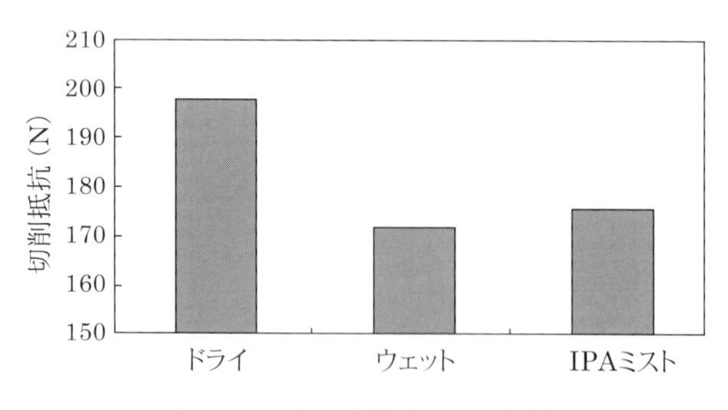

図 4.3.4　各切削方法の切削抵抗

4.3.3 アルミニウム切削のドライ化への課題

前項までに，DLCをコーティングした工具を用いて少量のアルコールを霧状に供給しながらアルミニウム合金を切削する「アルコールミスト切削」について紹介した．一方，より環境負荷の低減効果が高いのは，切削液を全く使用しない「ドライ切削」である．そこで，アルコールミスト切削に続き，アルミニウム合金のドライ切削について研究を行った．以下では，アルミニウム合金のドライ切削技術について研究の成果を紹介する．

切削液を使用しないドライ切削で工具への溶着を抑制するには，切削時に摩擦係数が低くアルミニウムと反応しにくい工具を用いることが必要である．そこで注目したのが，アルコールミスト切削でも用いたDLCコーティングである．DLCは摩擦係数の低い薄膜として摺動部材のコーティングなどに用いられている．そのため，切削工具にDLCをコーティングした場合に工具への溶着が抑制されることが期待されるが，そのためにはDLCの低摩擦効果が最もよく発揮される条件を見出すことが必要である．そこで，典型的な2種類のDLCをコーティングした工具を用いて，アルミニウム合金に対するドライ切削性能を検証した．

4.3.4 DLC被覆工具のドライ切削性能

工具のコーティングに用いられるDLCは大きく分けて2種類ある．ひとつはPVD法による水素フリーDLC(ta-C)で，もうひとつはCVD法による水素含有DLC(a-C:H)である．2種類のDLCコーティングのドライ切削性能を比較するため，DLCをコーティングした超硬エンドミルを用いてアルミニウム合金A5052の切削実験を行った．

図4.3.5に示すのは，ドライでA5052の溝切削を行った後の被削材と工具の状態である．ta-Cコーティングでは，80本の溝切削を行っても工具への溶着量は極めて少なかった．一方a-C:Hコーティングでは，コーティングしていない超硬と同様に1本目の溝切削時に工具に著しくアルミニウムが溶着し，切削ができなくなった．このことから，DLCの種類によりドライ切削時の摩擦係数が異なることが考えられた．

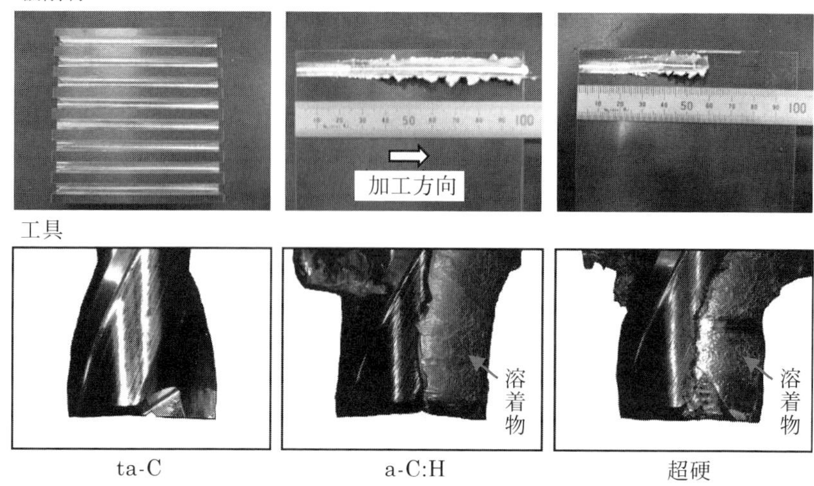

図 4.3.5　エンドミルによるドライ切削時の被削材と工具の状態

エンドミルによる切削は，ねじれた形状の工具が回転することにより工具へ作用する力の向きが刻々と変化するため，切削現象が複雑である．そのため，切削中の工具表面の摩擦係数を直接測定することは難しい．そこで，ドライ切削中の各コーティングの摩擦係数を評価するために，エンドミル切削の現象を単純化した2次元断続切削実験を行った[3)]．実験装置の写真を図 4.3.6 に示す．本装置では，旋盤の主軸に固定した被削材 (A5052) の端面をバイトで切削するため2次元切削となり，切削中に工具へ作用する力を平面で考えることができる．そのため，工具すくい面の摩擦係数を評価することが可能となる．

被削材には図に示すような凸部を等間隔に設け，この凸部をバイトで切削することによりエンドミル切削の特徴である切削と非切削を繰り返す断続切削を再現した．凸部の長さと配置間隔を約 9.4 mm と同じにして，切削と非切削を同じ時間で繰り返すよう設定し，直径 6 mm のエンドミルの溝切削を模擬した．切削条件を切削速度 150 m/min，切り取り厚さ 0.05 mm (旋盤の送り 0.05 mm/rev) とし，切削時間を 10 秒とした．動力計により切削中の切削抵抗を測定し，測定値から工具すくい面の摩擦係数を算出した．

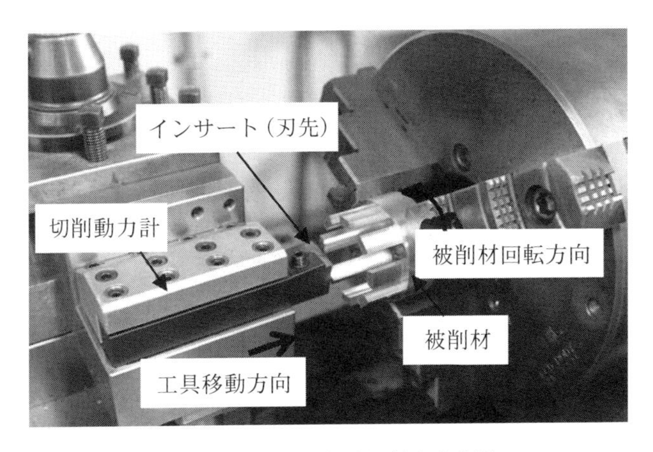

図 4.3.6　2 次元断続切削実験装置

4.3.5　ドライ断続切削中の摩擦係数と工具への溶着

図 4.3.7 に，各工具による断続切削中の摩擦係数変化を示す．ta-C コーティングの場合，摩擦係数が切削初期の高い値から時間の経過とともに減少し，低い値で一定となった．a-C:H コーティングの場合も切削初期の高い値から時間の経過とともにわずかに減少したが，ta-C コーティングに比べて減

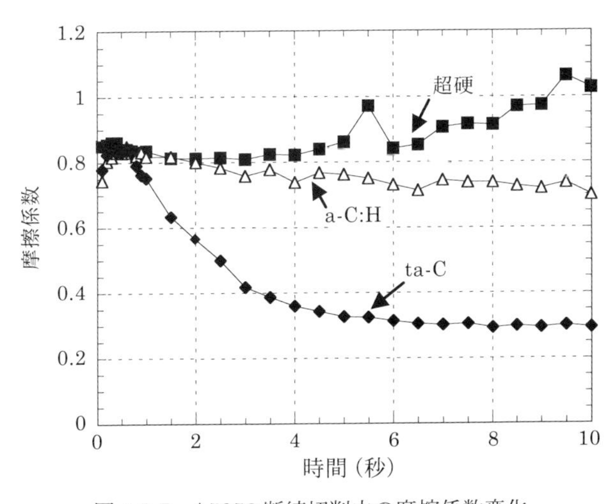

図 4.3.7　A5052 断続切削中の摩擦係数変化

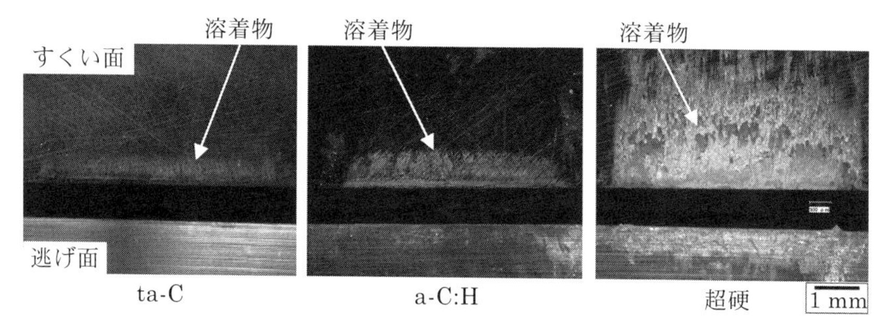

図 4.3.8　A5052 断続切削後の工具の状態

少量は少なかった．超硬の場合，切削初期から高い値のまま推移し，途中から上昇した．

図 4.3.8 に，断続切削終了後の工具すくい面と逃げ面の状態を示す．ta-C コーティングの場合には工具すくい面に薄く溶着物が認められるが，その範囲は後述する他の工具よりも狭い．a-C:H コーティングの場合には ta-C コーティングよりも広い範囲に溶着が認められた．超硬の場合には工具すくい面および逃げ面の広い範囲に溶着物が観察された．

2 次元断続切削実験の結果から，ta-C コーティングのみ A5052 断続切削時の摩擦係数が急激に減少し，工具表面にほとんどアルミニウムが溶着しないことが確認された．したがって，ta-C コーティングの断続切削中の摩擦係数が低いことが，図 4.3.5 に示したエンドミル切削においてアルミニウムが溶着せずに良好な切削ができたことの要因であると考えられる．

以上のように，エンドミル切削のように短い時間で切削と非切削とを繰り返す断続切削では，切削時の ta-C コーティングの摩擦係数が低くなり，ほとんど工具にアルミニウムが溶着しないことがわかった．一方，旋盤による切削（旋削）のような，切削が連続的に行われる連続切削では，ta-C コーティングにおいても摩擦係数が低くならず，アルミニウムが著しく溶着することがわかっている [4]．したがって，切削形態が断続切削であることに ta-C コーティングの摩擦係数が低くなる要因があると考えられる [5]．

4.3.6　ドライ連続切削を可能とする旋削工具の開発

水素フリー DLC (ta-C) コーティングにより，断続切削ではドライで良好な切削が可能となるが，連続切削についてはアルミニウムが溶着して良好な切削はできなかった．したがって，一般的なバイトを使った旋盤の外周旋削などでは，ダイヤモンド工具を用いる以外にアルミニウム合金のドライ切削を実現することは困難であるといえる．しかし，ダイヤモンド工具は高価なため，生産コストの増大を招いてしまう．そのため，大幅なコスト増とならずにドライ連続切削を可能とする工具が望まれる．そこで，ta-C コーティングの断続切削時の低摩擦特性を活用した連続切削（外周旋削）工具の開発を試みた．

旋削に用いる刃先交換式のバイトは，通常，インサート（刃先）がバイトホルダに完全に固定される．そのため，切削時に切れ刃の同一の箇所が被削材と接触し続け，この部分にアルミニウムが溶着する．被削材と接触する切れ刃の場所が切削中に刻々と変化することができれば，切れ刃側では連続切削とならず，ta-C コーティングの低摩擦特性が発揮されるのではないかと考えた．そこで，切削時に受ける力により丸型インサートが回転する従動式ロータリ工具を試作した．ロータリ工具を用いたのは，インサートが回転することで切削に関与する切れ刃が切削中に常に変化するためである．

図 4.3.9 に，試作したロータリ工具の写真とインサートの回転原理を示す．

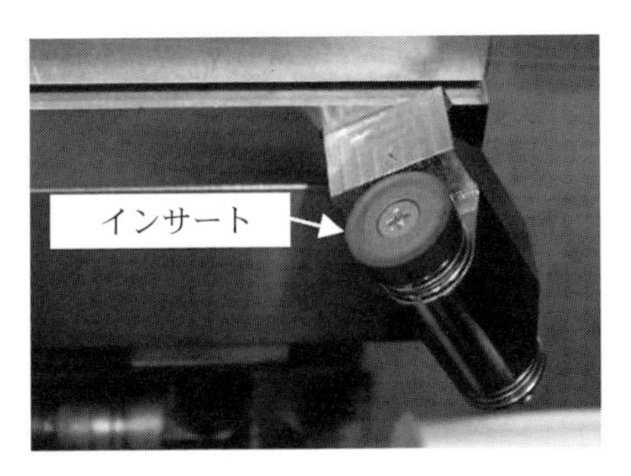

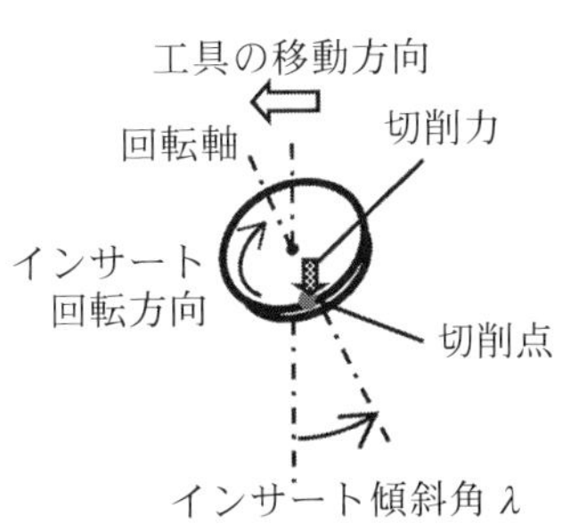

図 4.3.9　試作したロータリ工具とインサート回転の原理

直径 20 mm の丸型インサートをベアリングにより回転自在に固定するホルダを製作し，インサートを垂直な軸に対して任意の角度に傾けることができる構造にした．この傾斜により，インサートは 1 点（切削点）で被削材と接触して切削を行うと同時に，切削点で下向きの力を受けて回転軸周りに回転する．このことにより，切削に関与する切れ刃が切削中に刻々と変化することになり，インサート側からみると断続切削と同じ状態になる．インサートの回転速度は被削材の回転速度とインサートの傾斜角に依存する．

4.3.7 DLC インサート付きロータリ工具のドライ切削性能

試作したロータリ工具を用いて A5052 の外周旋削実験を行った．切削条件を切削速度 150 m/min，送り 0.05 mm/rev，切込み 1 mm とし，ta-C をコーティングしたインサートと何もコーティングしていない超硬インサートのドライ切削性能を比較した．インサート傾斜角を 30 度とした．

図 4.3.10 に，ta-C をコーティングしたインサートと超硬インサートによる切削後の加工面を示す．いずれの加工面にも斜めの切削条痕が認められた．これは，インサートの回転軸の向きと一致し，ロータリ工具で切削した加工面の特徴である．ta-C インサートの場合，加工面に光沢があった．一方，超硬インサートの場合，加工面に大きな傷が発生した．図 4.3.11 に，切削後

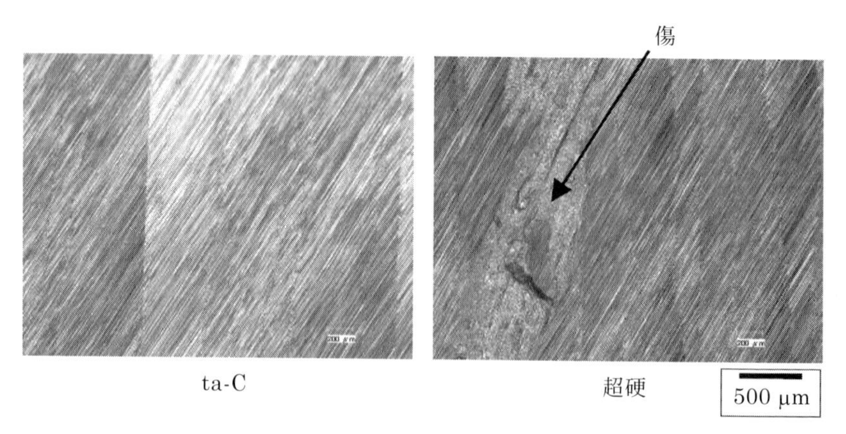

図 4.3.10　ロータリ工具によるドライ切削後の加工面

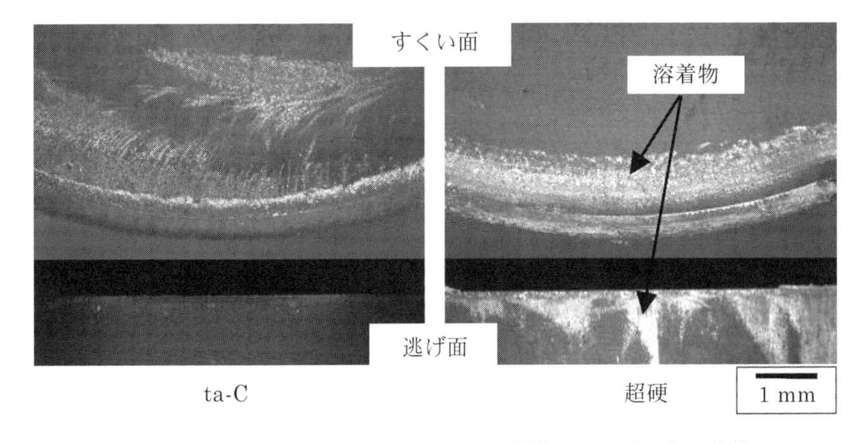

図 4.3.11　ロータリ工具によるドライ切削後のインサートの状態

のインサートの状態を示す．ta-C インサートの場合，アルミニウムの溶着範囲は超硬インサートと比較して少なかった．超硬インサートの場合，すくい面，逃げ面とも広範囲にアルミニウムが溶着した．

以上の結果から，ta-C インサートの場合に光沢のある加工面となったのは，丸型インサートが切削中に回転することで切削に関与する切れ刃が断続切削となり，ta-C コーティングの低摩擦特性が発揮されて溶着が抑制されたためと考える．したがって当初の目論見通り，ta-C インサート付きのロータリ工具によりドライで良好な連続切削が可能となることを明らかにできた．

本節で紹介したように，当所では人にも環境にも優しい切削技術の確立を目指して，アルミニウム合金の低環境負荷切削技術の開発に取り組んできた．切削液の大量使用には，地球環境や作業環境に対する悪影響などの多くの問題がある．切削液をできるだけ使用しない切削技術により，工作機械で消費される電力は削減され，大量の排油を処理する必要がなくなる．また，工場内のオイルミストによる悪臭や汚れなどはなくなり，作業者が作業しやすいクリーンな工場を実現することが可能となる．今後，本研究成果の早急な実用化を目指してさらに研究を進める所存である．

参考文献

1）横田知宏，澤 武一，横内正洋：精密工学会誌, **78**（2012），777.

2）横田知宏，澤 武一，横内正洋，森田 昇：精密工学会誌, **79**（2013），81.

3）T. Yokota, T. Sawa, M. Yokouchi, K. Tozawa, M. Anzai and T. Aizawa : Precision Engineering, **38** (2014), 365.

4）横田知宏，澤 武一，横内正洋：精密工学会誌, **81**（2015），604.

5）横田知宏，澤 武一，横内正洋：精密工学会誌, **82**（2016），354.

4.4 大気圧プラズマ CVD 法による非晶質炭素薄膜コーティング

渡邊　敏行

金属，半導体および樹脂などに新たな機能を付与するため，その表面に薄膜を形成する技術が多くの産業で使われている．それらの技術の多くは真空プロセスを用いるため，大面積化が難しく，また製造コストに対する厳しい要求がある．大気圧プラズマ CVD 法は，大気圧下で発生させたプラズマで原料ガスを分解し，原子状となった粒子を基材上に堆積させて薄膜を形成する技術である．そのため大型の真空装置を使わずにすむので，大面積の薄膜を形成する技術として期待されている．

また近年，ものづくり企業においては製造物だけではなく，製造工程や廃棄工程についても，環境に対する負荷軽減の努力がなされている．非晶質炭素薄膜は，炭素および水素などから構成され希少金属を含有しないことから，環境負荷の少ない材料として注目されている．

4.4.1 非晶質炭素薄膜の産業用途

DLC (Diamond-Like Carbon) に代表される非晶質炭素薄膜は，ダイヤモンドやグラファイトのような結晶材料とは異なり，結晶構造を持たない非晶質の炭素材料である．非晶質炭素薄膜の中で最も産業化が進んでいる DLC は，その特性を活かして様々な用途で実際に使われている[1]．表 4.4.1 に非晶質炭素薄膜の主な特性と実用化例を示す．例えばダイヤモンドに近い高硬度と耐摩耗性を有することから，腕時計の傷つき防止やカミソリの刃先保護，あるいはアルミ加工の切削工具等に応用されている．また化学的に安定で潤滑油に対する耐食性があることから，ハードディスク表面の保護膜にも応用

表 4.4.1　非晶質炭素薄膜の実用化例 [1)]

特性	高硬度・耐摩耗性・低摩擦係数・耐食性				生体親和性	酸素バリア性
製品	腕時計 ケース側	カミソリ	切削工具	ハードディスク	医療用 ステント	飲料用 ペットボトル
効果	傷付防止	切れ味 向上	アルミの 凝着抑制	信頼性向上	血栓防止	風味保存

されている．さらに生体親和性を活かした医療用ステントに適用されるほか，酸素透過を抑制するガスバリア性があることから，飲料用樹脂ボトルにも使われている [2)]．

このように非晶質炭素薄膜の産業応用が拡大するにつれて，市場で一律に非晶質炭素薄膜と呼ばれる薄膜材料であっても，その製法により物性や特長が異なるため，それぞれに適合する産業用途が異なることがわかってきた．例えばRobertsonら [3)] は，炭素の sp^3 結合と sp^2 結合の比および薄膜中の水素濃度によって，非晶質炭素薄膜を分類することを提唱している．日本国内でも非晶質炭素薄膜の物性を分類・規格化し，産業用途のために標準化しようとする検討が進められている．

4.4.2　大気圧プラズマ CVD 法への期待

DLC をはじめとする非晶質炭素薄膜は，その多くが真空プラズマ CVD 法によって作製されている．真空プロセスを用いると水分，油分や酸素などの不純物が低減され，またプラズマプロセスを用いることで放電プラズマから原料粒子にエネルギーを付与できる．したがって真空プラズマ CVD 法を用いて成膜すると，それらの相乗的な効果によって，より低い基材温度で緻密な薄膜や高純度薄膜を得ることができる．非晶質薄膜の作製においても，真空プロセスを使うことで不純物濃度を制御し，放電プラズマを併用することによって様々な機能を基材に付与することができる．

しかしながら，真空成膜プロセスを研究レベルの装置から事業化に向けてスケールアップする場合，真空槽の大容量化，ポンプの大型化およびバルブ部品の大口径化により，設備導入費用や成膜プロセスのサイクルタイムが急激に増大する場合がある．そのためこれらの課題を大きく改善できる完全開放系の大気圧プラズマを用いた成膜プロセスへの期待が高い．

大気圧下で放電プラズマを利用する場合，熱的なアークが発生しやすく，そのまま成膜プロセスなどの表面改質に用いることが難しい．そこで大気圧プラズマでのアーク発生を抑制する工夫として，以下の2つの対策が組み合わされている．1つ目は電極間に誘電体を挟み，電荷が急激に移動しないようにしてアークへの移行を抑制する．これは対向する電極の片側もしくは両側を誘電体で覆う誘電体バリア放電（無声放電）プラズマの発生方法である．2つ目は電極に印加する電圧を数μs以下にパルス化することにより，アーク発生前に電圧をカットすることである．

また放電プラズマが発生する領域と基材が接する場合はダイレクト方式，接しない場合はリモート方式とそれぞれ呼ばれる．ダイレクト方式はプラズマで分解した原料の活性種をそのまま基材に輸送することが可能で，電極を大面積化しやすいなどのメリットがある．

4.4.3　誘電体バリア放電を用いた大気圧プラズマ CVD 法

誘電体バリア放電を用いた大気圧プラズマ CVD 装置の電極構造を図 4.4.1 に示す．この装置は，対向する電極の両側を誘電体で覆う構造で，放電プラズマが発生する領域と基材が接するダイレクト方式である．図 4.4.2 は誘電体バリア放電を用いた平板搬送型の大気圧プラズマ CVD 装置で，500 mm × 500 mm の PET シートもしくは厚さ 3 mm 以下のガラスを基材として，

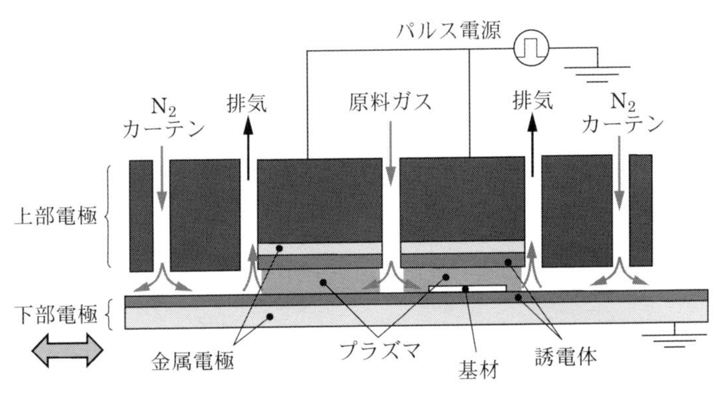

図 4.4.1　大気圧プラズマ CVD 装置の電極構造

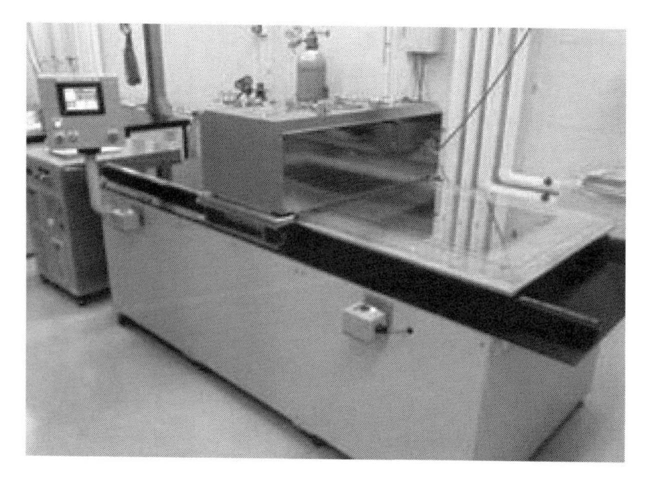

図 4.4.2　平板搬送型大気圧プラズマ CVD 装置

非晶質炭素薄膜をバッチ処理で形成することができる．

大気圧成膜プロセスにおいては，誘電体バリア放電を用いることにより，放電プラズマを発生させる電極を大面積化できることに加え，放電プラズマ中のイオン温度が低いため，室温程度の低温で成膜できるので，大判の樹脂などの表面に薄膜を形成することが可能である．また放電プラズマ中に薄膜の原料ガスを大気圧で供給できるため，成膜速度を高速化できる．

誘電体バリア放電を用いた大気圧プラズマ CVD 法では，基材が電極の一部となる構造であるため，基材の誘電率および厚さが放電プラズマの状態に影響を及ぼす．樹脂を基材とする場合には比較的容易に安定した放電プラズマが発生するが，基材の誘電率や厚さが不均一な場合や金属材料を基材とする場合，アークが発生することがある．アークを抑制するためには，それぞれの基材に適した条件を設定することが必要となる．

またプロセス管理については，不純物，とくに水分と酸素の影響を低減することが必要であり，言い換えると室温よりも十分高い基材温度で，かつ原料濃度を高くできる薄膜材料が好ましい．

4.4.4 大面積成膜への取り組み

当所では，大気圧プラズマ CVD 法による非晶質炭素薄膜の大面積合成の研究に取り組んでいる．図 4.4.3 は平板搬送型装置を改良した Roll-to-Roll 型装置であり，幅 500 mm で厚さ 25～100 μm のポリエチレンテレフタレート (PET) ないしポリエチレンナフタレート (PEN) を基材として，連続的に非晶質炭素薄膜を形成することができる．図 4.4.4 に幅 450 mm ×長さ

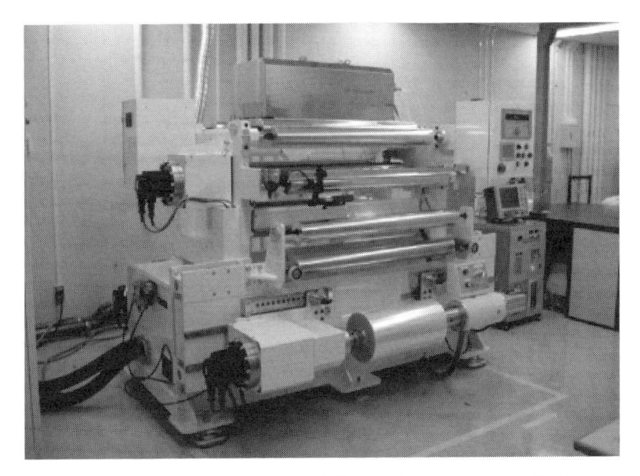

図 4.4.3　Roll-to-Roll 型大気圧プラズマ CVD 装置

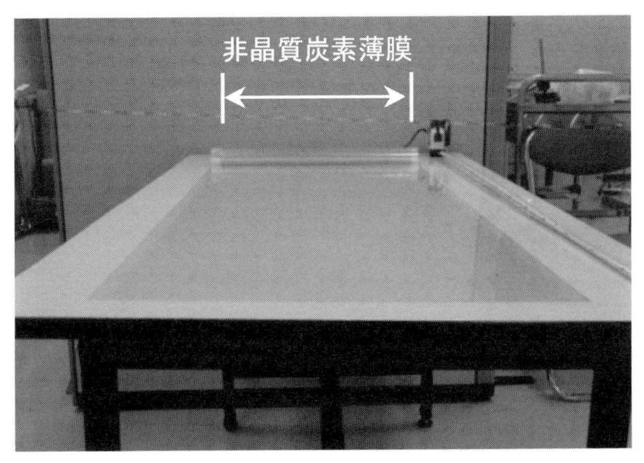

図 4.4.4　非晶質炭素薄膜を被覆した PET シート

3000 mm の範囲に非晶質炭素薄膜を形成したロール状の PET シートの外観を示す．シート全体の広い範囲に非晶質炭素薄膜が形成されている．

図 4.4.5 に PEN を基材とした非晶質炭素薄膜の断面 SEM 像を示す．非晶質炭素薄膜の厚さから計算した成膜速度は 3 μm/min であり，真空プラズマ CVD 法で作製される DLC の場合と比較すると，1～2 桁高速である．

この膜を Raman 分光法で分析すると，ダイヤモンドおよびグラファイトに見られる D バントや G バンド，あるいは DLC に相当するピークは検出されなかった．さらに薄膜硬度が DLC の 1/10 以下の値であることから，誘電体バリア放電を用いた大気圧プラズマ CVD 法で形成された非晶質炭素薄膜は，DLC とは異なる構造を持つ非晶質材料と考えられる．

本手法で非晶質炭素薄膜を形成した大面積 PET シートについては，建築物等のコンクリート保護用途への応用が提案されている．コンクリート建造物は，長期間，屋外に曝されるため，空気中の酸素および降雨によってコンクリート中のアルカリ分が中和される「中性化」が問題となる．従来，コンクリートを保護するため，コンクリート上に塗膜を多層化する工法が採用されているが，塗膜各層の塗装工程で長時間の乾燥が必要であり，工事全体が長期化する．それに対し，非晶質炭素薄膜を被覆した PET シートを直接コ

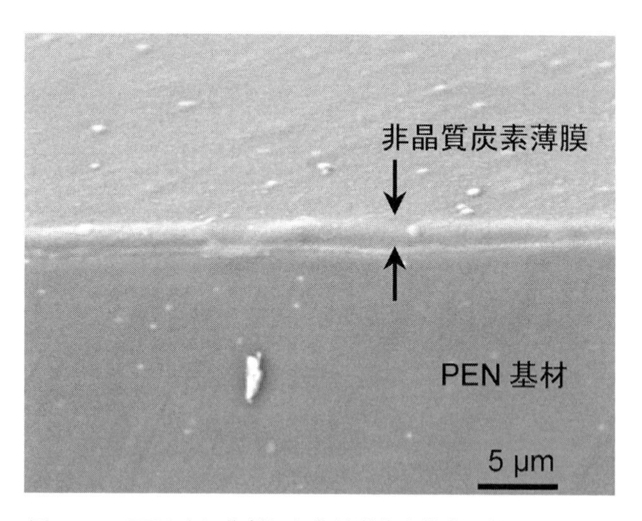

図 4.4.5　PEN 上に作製した非晶質炭素薄膜の断面 SEM 像

ンクリートに接着する工法であれば乾燥が1回となり，工期を短縮できる．さらに非晶質炭素薄膜を被覆したPETシートは軽量なので作業現場での運搬も容易である．この技術については，今後，それぞれの用途で要求される評価および改良をおこない，実用化を進める予定である．

本技術は，平成18年度に文部科学省の都市エリア産学官連携促進事業として採択され，慶應義塾大学，神奈川科学技術アカデミーおよび神奈川県産業技術センターとの共同で平成22年度まで実施した「環境調和型機能性表面プロジェクト」を成果展開するものである．

現時点では，大気圧プラズマCVD法で作製した非晶質炭素薄膜に関する研究は，用途開発や装置開発の段階にあるが，近い将来，産業用途の要求特性を満たすような完全開放系の大気圧成膜プロセスが構築されると期待する．大気圧プラズマCVD法を用いた大面積成膜技術は，非晶質炭素のほかにも，シリカ，ITOなどの酸化物やシリコンなどについて研究されており[5)]，環境負荷の少ないものづくり技術として，今後も研究が進められていくと考えられる．

参考文献

1) 斎藤秀俊 監修：DLC膜ハンドブック，エヌ・ティー・エヌ，2006年．
2) 上田敦士，中地正明，後藤征司，山越英男，白倉 昌：三菱重工技報，**42** (2005)，42.
3) A. C. Ferrari and J. Robertson: Phys. Rev. B, **61** (2000), 14095.
4) 鈴木哲也，登坂万結，平子智章，白倉 昌，渡邊敏行，関 雅樹：New Diamond, **29** (2013), 35.
5) 日本学術振興会プラズマ材料科学第153委員会編：大気圧プラズマ—基礎と応用—，オーム社，平成21年．

魅力あるものづくりを続けるための
デザイン活用について

Column 3　ものづくりネットワークを財産に

顧客に選ばれる商品にしていくためには，いち商品をつくるだけでなく「ひと」と「もの」や「サービス」，そして「社会」とのより良い関係を作り，新たな価値や，新たな体験を創出し，ものづくり技術がもつ新たな可能性を引き出し続けることが重要です．

当所では，製品開発の早い段階から「技術」・「デザイン」・「経営」を連携した商品開発を行うことで，販路を見据えた商品開発で収益の向上を目指した支援を行っています．

魅力あるものづくりの創出過程において，単なる製品の色形にとどまらないデザイン発想とともに，「ものづくりネットワーク」を広げながら，事業化・商品化に向けた支援を行っていますので，お気軽にご相談ください．

第5章

高機能材料（ナノ粒子・セラミックス）の開発

5.1 ナノ粒子の高機能化技術

藤井　寿，小野　洋介

5.1.1　ナノ粒子技術支援について

物質の大きさを 100 nm 以下にまで小さくしたナノ粒子では，従来のありふれた物質でも新たな機能発現が期待できる．そのため高機能な新材料開発を目指して，ナノ粒子に関する研究開発が様々な分野で行われている．ところで，ナノ粒子技術と聞くと，大学や大企業で取り組む最先端技術という印象があり，中小企業支援を中心業務とする当所とは余り関係がないと思われるかもしれない．しかし，実はナノ粒子は中小企業にも関わりの深い材料であり，県内の中小企業においても，研磨剤や光触媒，化粧品，蛍光材料，2 次電池用電極材料など，様々なナノ粒子応用技術の開発に取り組んでいる．これらの中小企業に対して，当所ではナノ粒子の作製・評価などを通じた技術開発支援や，製品化・事業化支援，さらにはナノ粒子に関する技術シーズの創出など，様々なメニューでの支援を行っている．

5.1.2　ガス中蒸発によるナノ粒子作製

物質を細かく粉砕して到達できる大きさは数百 nm が限界であり，100 nm 以下の大きさのナノ粒子を作製するには，原子・分子からビルドアップする必要がある．そのため，ナノ粒子の作製では，気相中または液相中での粒子成長が用いられる．このうち液相中の粒子成長はビーカースケールでできるものも多いため，中小企業でも比較的容易に研究開発に取り組める．一方, 気相中の粒子成長には真空排気などの大掛かりな設備が必要となるため, 中小企業では簡単に粒子の試作が行えない．そこで当所では，ガス中蒸発方式のナノ粒子作製装置を用いて，気相中でのナノ粒子の試作および開発支援を行っている．

ガス中蒸発法のプロセスは真空蒸着と似ており，真空の代わりにヘリウムなどの不活性ガスを用いる．不活性ガス中で金属や酸化物の原料物質を蒸発させると，蒸発した原子は不活性ガス分子と衝突し，冷却・凝集プロセスを経てナノ粒子が形成される．ガス中蒸発法によるナノ粒子作製の特徴は次の3点が挙げられる．

1）蒸発プロセスを経ることにより，高純度なナノ粒子が形成できる．

2）ガスに酸素や窒素を混合することで，酸化物や窒化物が形成できる．

3）複数の物質を同時蒸発させることにより，複合粒子が容易に得られる．

図5.1.1に，ガス中蒸発法で銀とシリコンを同時蒸発させて作製した銀–シリコン複合ナノ粒子のTEM像を示す．図5.1.1を見ると銀粒子の表面をシリコンが覆うコアシェル構造が形成されていることがわかる．この粒子では，表面のシリコンが酸化されてシリカが形成されることで，銀単独の場合に比べて液中での分散安定性が大きく向上するという高機能化が実現されている．

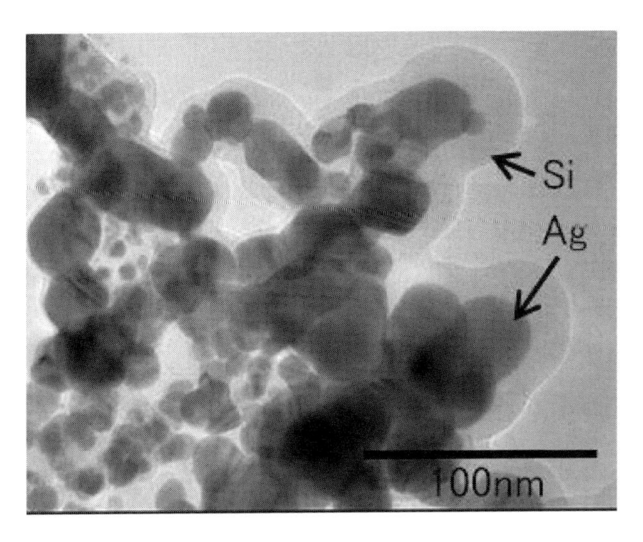

図5.1.1　銀–シリコン複合ナノ粒子

5.1.3 表面電位（ゼータ電位）測定

前項で銀−シリコン複合ナノ粒子において，表面のシリカ層により溶液中での分散安定性が向上した例を挙げたが，この分散安定化というプロセスは，ナノ粒子を扱ううえで大きな技術課題の１つとなる．通常，液中で粒子表面は電荷を帯びており，この電荷による他の粒子との反発が分散安定性に大きく影響する．そのため粒子の凝集・分散状態をコントロールするためには，粒子の表面電荷（ゼータ電位）を測定することが重要になる．

図 5.1.2 は，当所で保有するゼータ電位計の外観である．この装置はレーザドップラー方式によりゼータ電位を測定するもので，希薄懸濁液から濃厚懸濁液まで測定できる．また，pH を連続的に変化させるための pH タイトレータも備えており，ゼータ電位の pH 依存性を短時間で調べることが可能である．本装置に対しては，中小企業等からの測定依頼も多く，測定サンプルもシリカやアルミナなどの研磨剤や，洗浄剤などのエマルジョン，フラーレンやナノチューブ分散体など多岐にわたっている．

なお，この装置では動的光散乱法による粒度分布測定を行うことも可能である．近年ナノ粒子による健康リスクの観点から，ナノ粒子を規制する動きが世界的に進んでいる．このナノ粒子規制へ対応していくためには，ナノ粒

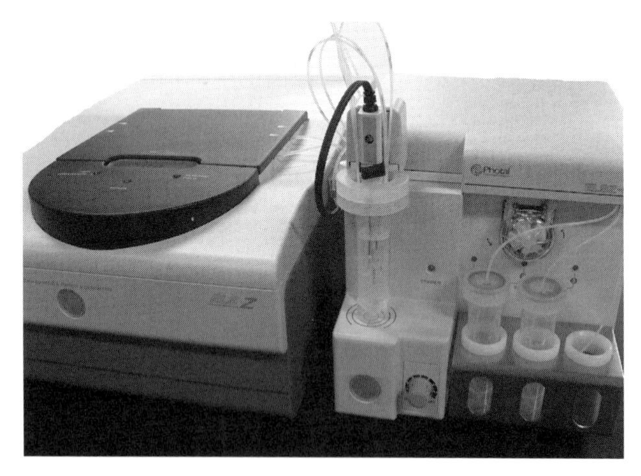

図 5.1.2　pH タイトレータ付きゼータ電位計

子の大きさなどを計測することが不可欠であり，本装置を用いた粒度分布測定や電子顕微鏡によるナノ粒子観察などの需要は，今後さらに増加していくと見込まれる．

5.1.4 ナノ粒子技術の事業化支援

当所では，新製品の開発や新技術の創出をめざす県内の中小企業に対して，製品化・事業化のための技術支援も行っている．ナノ粒子技術分野においてもベンチャー企業を支援した事例があり，そこではナノ粒子の表面増強ラマン散乱 (SERS) 現象を利用して，農作物の残留農薬等の微量化学物質検出技術を開発した．SERS は金属ナノ粒子上などでラマン散乱光の強度が著しく増強される現象で，この現象を応用することで，微量な化学物質の検出を，短時間で簡便に行うことが可能となる．この企業に対して，SERS 基板に用いるナノ粒子の作製や，化学物質検出評価などの支援を行うことで，小型で安価な装置による微量化学物質検出システムの開発へとつながった．

5.1.5 高活性光触媒ナノ粒子の開発

上述の企業支援に加え，当所では技術支援の高度化や技術シーズの創出を目的に，独自の研究を実施している．一例として，高活性光触媒ナノ粒子の開発について紹介する．

酸化チタン光触媒は防汚，抗菌，脱臭などへ応用されており，様々な金属やセラミックスの部材に酸化チタンを塗布したフィルター，タイル，ガラスなどの製品が開発されている．光触媒活性に影響する材料因子はいまだ不明確であるが，経験上，低欠陥濃度であることと同時に，高比表面積を有するアナターゼ (準安定) 相の酸化チタンであることが高活性を示す条件とされる．

しかし，上記条件はトレードオフの関係にあるため，当所では酸化チタン/アパタイト複合体を熱処理・酸処理する新規な光触媒ナノ粒子の調製法を開発した[1]．得られた試料を評価した結果，図 5.1.3 に示すように，比表面積とアナターゼ相率を高水準に維持したまま，欠陥濃度を低減できることがわかった．本試料の光触媒活性は，市販の酸化チタンナノ粒子に比べ約 1.5

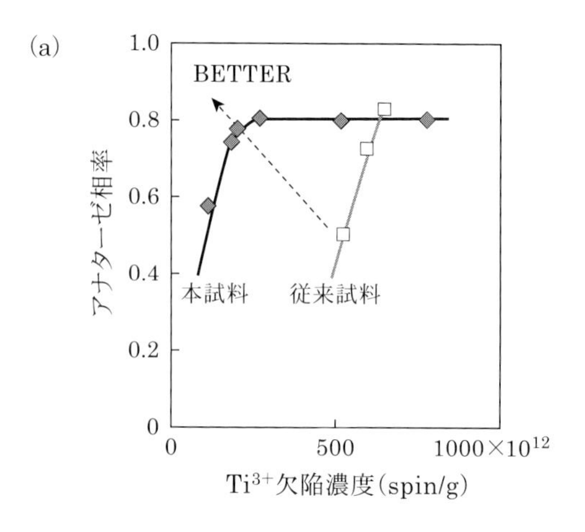

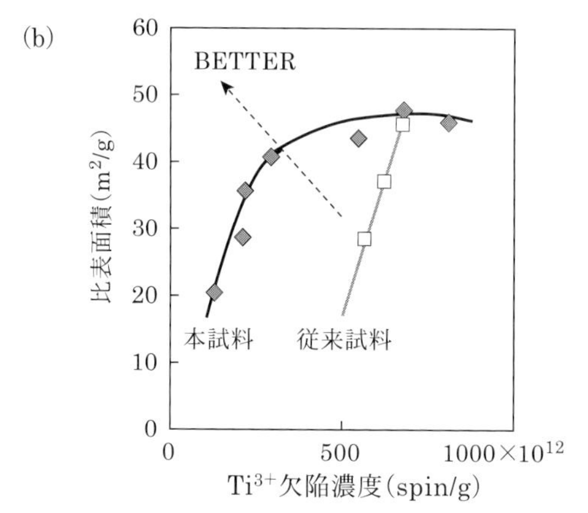

図 5.1.3　欠陥濃度低減に伴うアナターゼ相率 (a) および比表面積 (b) の変化

倍の値を示しており，今後，企業と連携した製品化を目指していく．

なお，光触媒材料に関する当所の技術シーズを 5.4 節においても紹介する．

参考文献

1) Y. Ono, T. Rachi, T. Okuda, M. Yokouchi, Y. Kamimoto, H. Ono, A. Nakajima and K. Okada: Ceram. Int., **37** (2011), 1563.

5.2 金属ナノ粒子を用いた屋根用塗料の開発

良知　健

本節では，当所におけるナノ粒子技術支援に関する取り組みの中から，技術支援の高度化や技術シーズの創出を目的に現在取り組んでいる「暗色系高日射反射率塗料」用顔料の開発について紹介する．

5.2.1　暗色系高日射反射率塗料とは

高日射反射率塗料は，太陽光に含まれる近赤外線の反射率が，同色の一般塗料に比べて高い塗料である．そのため，高日射反射率塗料で屋根や道路を塗装すると，日射からの熱の吸収が抑制され，屋内や路面の温度上昇を抑えることができる．近年の省エネに対する意識の高まりから，ヒートアイランド対策や冷房の節減に効果があるエコな塗料として注目され，(一社) 日本塗料工業会の調べによると，ここ数年でその出荷量は数倍にも増加している．

高日射反射率塗料の用途は大部分が屋根用である．一般に明度の高い塗料，つまり白っぽい塗料は，可視領域だけでなく近赤外領域でも高い反射率を示すため，スペインの街並みのように建物全体を白くしてしまえば，高い日射反射率は容易に実現できる．しかし，日本では経年に伴う汚れなどを考慮して，古くから明度を抑えた暗色系の屋根が多く，そのため暗色と高日射反射率という相反する性質を両立させた「暗色系高日射反射率塗料」の必要性が高い．

暗色系高日射反射率塗料の難しさは，可視領域 (波長 380～780 nm) における反射率が低く，かつ近赤外領域 (波長 780～2500 nm) における反射率が高いという，近接する波長領域で相反する特性が要求される点にある．図

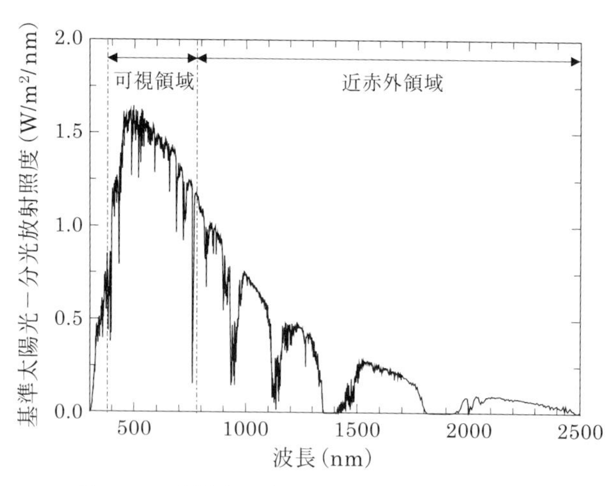

図 5.2.1　基準太陽光の分光放射照度スペクトル

5.2.1 は基準太陽光の分光放射照度スペクトル [1] であるが，この図からわかるように，近赤外領域における太陽光の放射照度は，特に可視に近い 780～1500 nm の波長領域で高いため，この領域で高い反射率を示す材料を開発することが重要となる．また，塗装場所が屋外になるため，耐候性に優れ有害な元素を含まないことも重要である．これらの要求特性を満たす，金属酸化物を主成分とした様々な無機顔料が各社から提案されているが，日射反射性能などの面で不十分な点が多いのが現状である．

暗色系高日射反射率塗料用顔料の作製法の 1 つとして，近赤外日射反射率の高い白色顔料と，明度の低い暗色系の材料を混合して焼成する方法がある．以下では，上記の混合焼成により作製した Ce-Co-Fe 系，Al-Cu-Fe 系の無機顔料を対象に，①複数材料の組み合わせによる高機能化，②複合酸化物の生成による反射性能の低下，③混合と焼成の順序の工夫による明度制御の 3 つのトピックについて紹介する [2,3]．

5.2.2　複数材料の組み合わせによる高機能化

有害な元素を含まず黒色度の高い無機材料の 1 つとして，Co 系酸化物が挙げられる．Co ナノ粒子を白色顔料の CeO_2 と混合して大気中で焼成した試料の反射率スペクトルを，図 5.2.2 に一点鎖線で示す．図からわかるように，Co 系酸化物を含む材料は，380～780 nm の可視領域における反射率が低く暗色の顔料となるが，同時に近赤外領域中の 1250～1500 nm の波長領域にも反射率の大きな低下が見られる．前述したように，この波長領域における反射率の低下は材料の日射反射性能を大幅に低下させる要因となる．

Co 系材料で見られる 1250～1500 nm における反射率の低下を抑制する方法として，この波長領域で高い反射率を示す Fe 系酸化物の添加を試みた．γ-Fe_2O_3 を CeO_2 と混合して焼成した試料の反射率スペクトルを図 5.2.2 に点線で示す．この材料では，可視領域の長波長側で反射率が高く，赤みがかった色を呈するものの，近赤外領域の 1000～2500 nm の波長領域では Co 系材料とは異なり全体的に高い反射率を示している．

この γ-Fe_2O_3 の近赤外領域における高い反射率を利用して，Co と γ-Fe_2O_3 を同時に CeO_2 に混合して焼成すれば，Co 系材料の反射率低下を抑えることができる．Co と γ-Fe_2O_3 を CeO_2 に混合して焼成した試料の反射率スペクトルを図 5.2.2 に実線で示す．Co を CeO_2 に単独で添加した際に見られた 1250～1500 nm の反射率の低下が，大幅に抑制されているのがわかる．その一方で可視領域の反射率は，Co もしくは γ-Fe_2O_3 を単独で CeO_2 に加えた時よりもさらに低減されており，複数元素の組み合わせにより高機能化

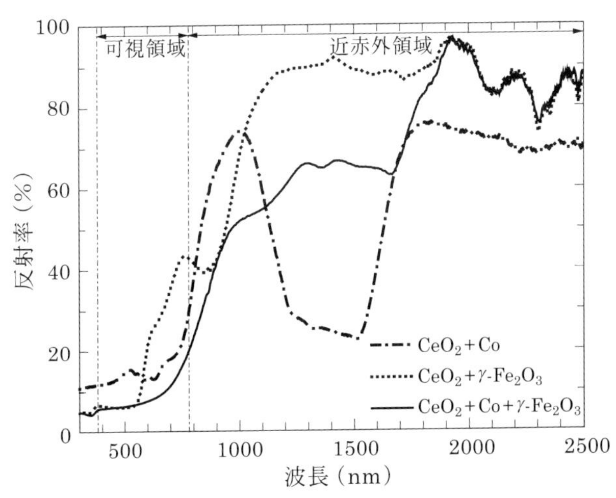

図 5.2.2　CeO_2，Co，γ-Fe_2O_3 を混合焼成した試料の反射率スペクトル

が実現されている．

5.2.3　複合酸化物の生成による反射性能の低下

前項では複数の材料を組み合わせて混合焼成することで，個別の材料よりも優れた性能が得られる例を紹介した．しかし一方で，複数材料の組み合わせが反射性能の低下を引き起こす場合もある．次の例では白色顔料として α-Al_2O_3，暗色原料として Cu ナノ粒子，γ-Fe_2O_3 の 3 原料を用いて混合焼成を行った．図 5.2.3 の (a) は，3 種類の原料をそれぞれ個別に焼成したのちに混合した試料，(b) は原料を全て混合してから焼成した試料の反射率スペクトルである．2 つのスペクトルを比較すると，混合してから焼成した試料 (b) では特に近赤外領域における反射率に大幅な低下が見られている．この反射率低下の原因を調べるため，2 つの試料の結晶相を X 線回折により評価した．図 5.2.4 に試料 (a) および (b) の X 線回折スペクトルを示す．試料 (a) では，α-Al_2O_3, CuO, α-Fe_2O_3 のピークが見られ，焼成により Cu が CuO に，γ-Fe_2O_3 が α-Fe_2O_3 に変化しているものの，それ以外に結晶相に大きな変化はない．これに対し，試料 (b) では α-Fe_2O_3 が生成しておらず，CuO の生成量が少ない．また，それと同時に Fe_3O_4 と $CuFe_2O_4$ が新たに生成してい

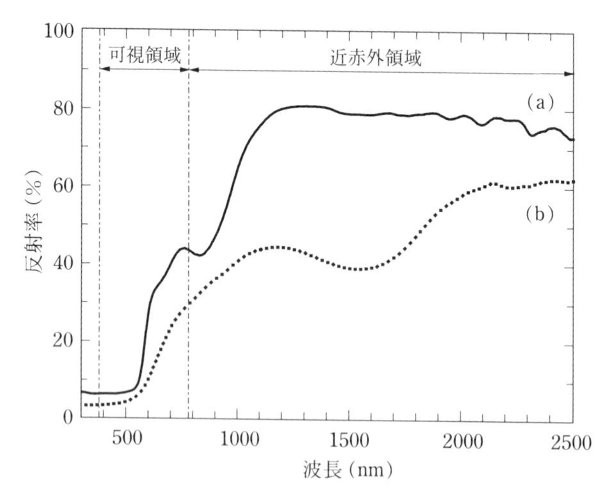

図 5.2.3　試料 (a) および (b) の反射率スペクトル

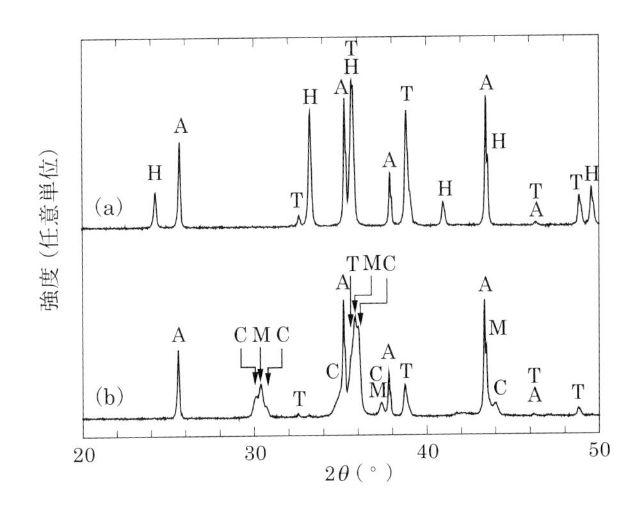

図 5.2.4　試料 (a) および (b) の X 線回折スペクトル
（A：α-Al_2O_3，T：CuO，H：α-Fe_2O_3，M：Fe_3O_4，C：$CuFe_2O_4$）

ることがわかる．このことから，Cu と γ-Fe_2O_3 の同時焼成に伴うこれら結晶相の相違が，試料 (b) の近赤外反射率の低下を引き起こした主な原因と考えられる．

以上のように，個別の原料の反射性能は優れたものであっても，原料の組み合わせによっては複合酸化物が生成し，必ずしも高い反射性能を示さない場合もある．

5.2.4　混合と焼成の順序の工夫による明度制御

前項で Cu と γ-Fe_2O_3 の同時焼成による Cu と Fe との複合酸化物の生成が近赤外反射率の低下の原因と考えられたことから，次に Cu と γ-Fe_2O_3 を別々に焼成することにより，近赤外反射率低下の抑制を図った．図 5.2.5 に示す (c) は α-Al_2O_3 と Cu を混合して焼成したものに，個別に焼成した γ-Fe_2O_3 を混合した試料の反射率スペクトルである．同図に比較として，全ての原料を個別に焼成した先程の試料 (a) の反射率スペクトルも併せて示してある．

図からわかるように，試料 (c) では，前項の試料 (b) で見られたような近

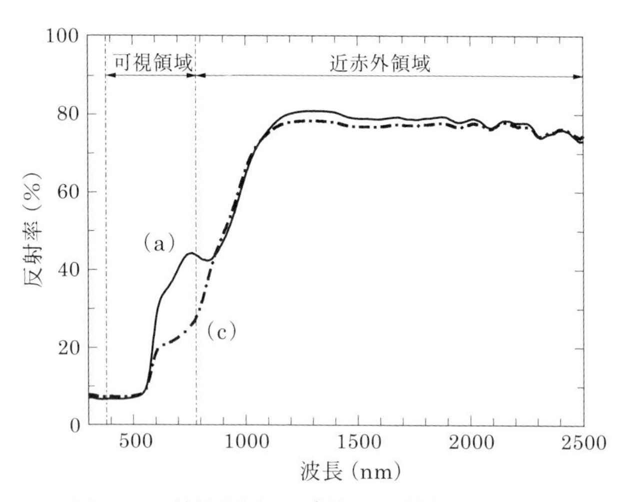

図 5.2.5　試料 (a) および (c) の反射率スペクトル

赤外反射率の低下が抑制されており，近赤外領域では試料 (a) と非常によく似たスペクトルとなっている．しかし面白いことに，可視領域を含む 600～850 nm の波長領域では試料 (c) の反射率が試料 (a) と比べて大幅に低減され，低明度化していることがわかる．これは材料の近赤外日射反射率を低下させることなく明度を制御できていることを示している．この試料 (a) と (c) に見られるスペクトルの相違の原因を明らかにするため，前項と同様に結晶構造の観点から評価を行った．しかし，試料 (a) と (c) の X 線回折スペクトルから，結晶相に違いは確認できなかった．そこで次に走査電子顕微鏡 (SEM) 観察により粒径を評価した．ここで試料 (a) と (c) は，γ-Fe_2O_3 の混合方法には違いがないため，粒径評価を容易にする目的で，γ-Fe_2O_3 を混合する前の試料について，SEM 観察を行った．

図 5.2.6 に α-Al_2O_3 と Cu を混合して焼成した試料の SEM 像を，図 5.2.7 に α-Al_2O_3 と Cu を個別に焼成して混合した試料の SEM 像を示す．両者を比較すると，α-Al_2O_3 はどちらも焼成前の粒径から変化は見られないが，Cu の焼成により生成した CuO は，α-Al_2O_3 と Cu を混合して焼成した場合（図 5.2.6）には 1 μm 程度，α-Al_2O_3 と Cu を個別に焼成して混合した場合（図 5.2.7）には 5 μm 程度と，粒径が異なっていることがわかる．このように粒

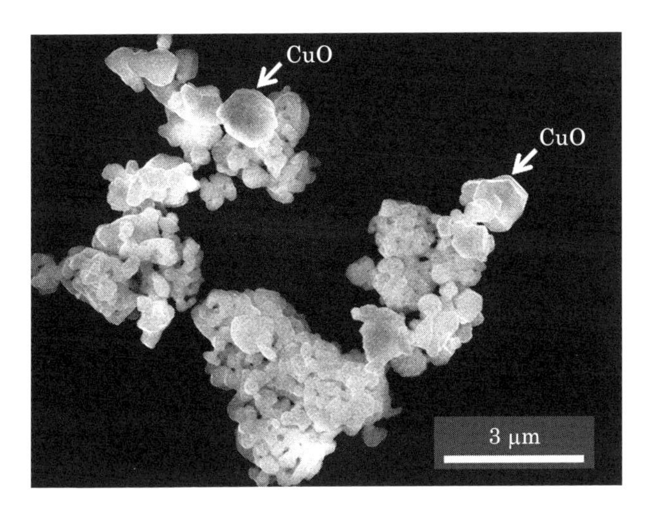

図 5.2.6　α-Al_2O_3 と Cu を混合して焼成した試料の SEM 像

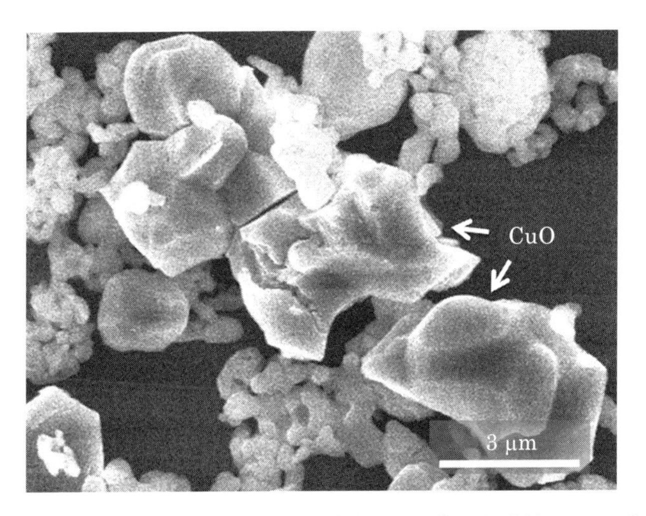

図 5.2.7　α-Al_2O_3 と Cu を個別に焼成して混合した試料の SEM 像

径が異なると，CuO の着色力に差が現れるため，含有する CuO の量が同じであっても顔料の黒色度が変化する．そのため，この CuO の粒径の違いが，図 5.2.5 では 600～850 nm の反射率の低下の度合いの差として現れたと考えられる．

本節では，ナノ粒子支援の一環として取り組んでいる高日射反射率塗料用顔料の開発に関して，特に材料設計の指針となる3つのトピックについて紹介した．今後は，関連する技術を発展させ，企業と連携した製品化を目指していくとともに，得られた知見を，ナノ粒子をはじめとした材料技術の支援活動に活かしていく．

参考文献

1）JIS C 8904-3 日本工業標準調査会（2011）．

2）良知 健，藤井 寿，奥田徹也：神奈川県産業技術センター研究報告，No.19（2013），10．

3）良知 健：神奈川県産業技術センター研究報告，No.20（2014），46．

構造用セラミックスの粉末冶金技術

横内　正洋

セラミックスは一般的な構造用材料である鉄と比べ，その耐熱性・耐摩耗性・耐食性に優れている．このため，一部の部品や製品（切削工具，ボールベアリング等）が金属材料からセラミックスに置き換わっている．しかしながら，セラミックスのもう１つの特徴である「脆さ」が用途の拡大を妨げており，セラミックスの信頼性を高めるためにも「脆さ」を克服する必要がある．セラミックスの作製法としては，その原料粉末を焼き固める方法（粉末冶金法）が最も一般的である．特に，セラミックスの「脆さ」の克服には，製造プロセスの最適化や不純物の混入防止等，それぞれの製造プロセスでの厳しい工程管理が必要となってくる．

5.3.1　セラミックスの作製手順と評価法

表 5.3.1 に粉末冶金法における代表的な製造プロセスを示す．原料粉末をスタートにして焼結体を得るまで，粉末調整，成形，焼結の３つのプロセ

表 5.3.1　粉末冶金法における代表的な製造プロセス

プロセス	要素技術	製造因子
粉末調整	原料粉末	原料粉末粒度，純度，結晶系
	粉砕混合	均一分散，造粒，有機バインダ
成　形	金型成形	成形体密度，有機バインダ
	CIP 成形	成型用ゴム型，成形体密度
焼　結	常圧焼結	焼結温度，焼結雰囲気
	加圧焼結	焼結条件（温度，圧力），焼結雰囲気

スがあり，それぞれのプロセスには様々な要素技術がある．今日では様々な製造方法によって様々な特性を有するセラミックスが作製されており，一部の要素技術が省略されたり追加されたりすることがある．また，各要素技術での製造条件を決定するためには，それぞれの製造因子が焼結体の特性にどのような影響を与えるかについて，十分に検討する必要がある．

セラミックスの機械的性質の評価方法として，表 5.3.2 に示すように，曲げ強度，硬さ，破壊靭性等が JIS で規定されている．セラミックスの特性を明らかにするには，機械的性質以外にも密度，格子定数，各種元素分析や組織観察など様々な評価が必要である．

表 5.3.2　セラミックスの機械的性質

JIS の規定	評価項目
JIS R1601	曲げ強さ試験方法
JIS R1610	硬さ試験方法
JIS R1607	破壊靭性試験方法

5.3.2　粉末冶金プロセスに関する技術支援について

当所には表 5.3.1 に示した粉末冶金プロセスに関する装置はほぼ整っている．そのため，原料粉末をスタートにして，粉末調整，成形，焼結のプロセスを経て焼結体の作製が可能であり，どのプロセスでどのような不具合が生じたかについて詳細な実験が行える．特に加圧焼結についてはホットプレスや HIP 装置が設置されているため，焼結および緻密化が比較的難しい材料の作製にきわめて有効である．

また，評価項目においても表 5.3.2 に示した機械的性質の評価をはじめとして，各種元素分析や XRD による結晶構造解析，SEM による焼結体組織観察等を行う体制も整っている．このため，セラミックス製造から評価までの一貫した取り組みが可能であり，評価結果を製造プロセスにフィードバックすることで改善のための方策を効果的に試みることができる．

5.3.3　β-SiAlON（サイアロン）の合成

SiAlON（サイアロン）セラミックスは，窒化ケイ素（Si_3N_4）と並んで，耐熱強度，硬さ，破壊靱性に優れているため構造用材料として注目されている．一般的なβ-SiAlONの製造法としては，原料にSi_3N_4，Al_2O_3，AlNの粉末を用い，焼結時にSi_3N_4中にAlとOを固溶させる方法が知られている．この方法では，比較的高価な高純度かつ微細な原料粉末が必要なため，結果として焼結体のコストも高くなる．このため，応用製品は高い製造コストでも十分に採算が合う特殊な用途に限られている．β-SiAlONの用途を拡大するためには原料コストを低減させる必要がある．

低コストでβ-SiAlONを作製する方法の1つに燃焼合成法[1]がある．これは，窒素雰囲気中のチャンバ内で金属SiとAlを直接反応させる手法で，反応時の反応熱を利用してβ-SiAlON粉末を合成するものである．主原料のSiとAlの純度は98％程度であっても，反応温度や窒素分圧などの反応条件を最適化することで，高純度のβ-SiAlON粉末を得ることができるためコスト低減にきわめて有効である．

5.3.4　燃焼合成β-SiAlON粉末の焼結

当所では，燃焼合成β-SiAlON粉末を原料とし，ホットプレス法での焼結により，市販されているβ-SiAlON焼結体と同等の機械的性質を有するβ-SiAlON焼結体を得ることに成功した[2]．図5.3.1に示すように，結晶粒径も1～2 μm程度のきわめて微細な組織を有しており，室温4点曲げ強度が700 MPa，ビッカース硬さが約1.4 GPa，破壊靭性値が約3.8 MPa・$m^{1/2}$の焼結体を得ることができた．この焼結体を用いて，現在市販されているSi_3N_4製ボールベアリングと同等の性能を有し，かつ低コストのβ-SiAlON製ボールベアリングを開発することができた（図5.3.2）．

粉末冶金プロセスは粉末がスタートになるため，材料や形状の自由度が高く，無限の可能性が秘められた製造技術である．当所では様々な評価を行い，評価結果を製造プロセスにフィードバックし，常に特性の改善をねらいとした研究開発を目標としており，粉末冶金プロセスを用いた新しい材料開発を検討する際にご利用いただいている.

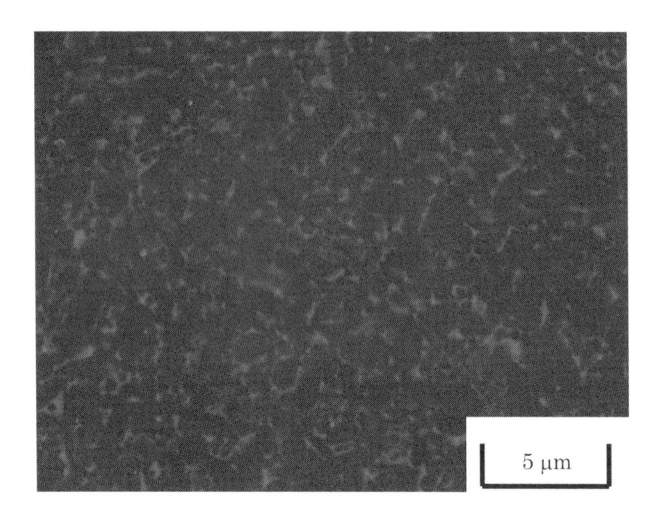

(a) 表面組織

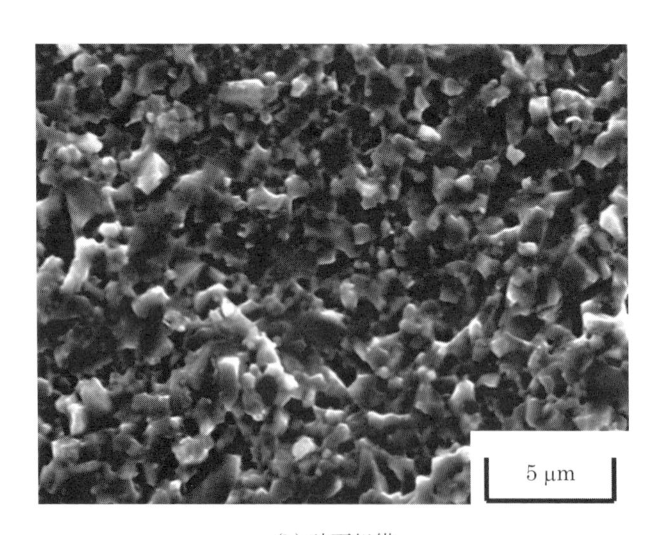

(b) 破面組織

図 5.3.1　ホットプレス焼結した β-SiAlON の SEM 観察像

図 5.3.2　β-SiAlON 製ボールベアリング

参考文献

1) J. Zeng, Y. Miyamoto and O. Yamada: J. Amo. Ceram. Soc., **73** (1990), 3700.

2) 横内正洋, 小野洋介, 清水幸喜：神奈川県産業技術センター研究報告, **15** (2009), 9.

5.4 セラミックス分野における製品開発支援と技術シーズの創出

小野　洋介

本章においては，5.1，5.2 節でナノ粒子材料の開発について，5.3 節でバルク材料の開発について紹介した．本節では，セラミックス分野における当所のその他の取り組みの中から，製品開発支援の事例として磁器写真の開発を，技術シーズ創出の事例として光触媒と多孔体の開発をそれぞれ取り上げ，これまでに得られた成果を紹介する．

5.4.1　セラミックスの特徴

最初に，改めてセラミックスの特徴について述べておきたい．セラミックスの定義は分野や国によって少し異なるが，最も広い定義で「人為的処理によって製造された非金属・無機質・固体・材料」とされており[1)]，具体的には金属の酸化物，窒化物，炭化物や炭素材料等を指す．その結合様式の多くはイオン結合と共有結合が主体であるため，金属とは異なる特徴を持つ．特に共有結合の結合力は金属結合と比較して強く，例えば，ダイヤモンドはモース硬度の基準物質の中で最も硬い物質に位置づけられている．また，大気中において金属酸化物は耐熱性，耐食性，耐候性が高いことが知られている．これらの特徴を活かして，セラミックスは古くからタイル，セメント，ガラス等の建築材料や陶磁器等の日用品として，また，5.3 節で紹介したように構造用材料としても利用されている．

上述したイオン結合や共有結合は，金属結合のようないわゆる自由電子を有していないため，セラミックスは室温では電気と熱を伝導しにくい．さらに，イオン結合を主体とするセラミックスでは陽イオンと陰イオンが結合しているため，組成の設計幅が広い．たとえば，価数の異なるイオンを置換固溶することにより，イオン交換能等の様々な機能を持たせることが可能である．5.2 節で紹介したように，組成を調整することによって反射率等の機能をコントロールすることもできる．これらの特徴を活かした応用例は，強誘電体や電池等の電子材料，蛍光体等の光学材料，人工骨等の生体材料，光触媒や多孔体等の環境浄化材料等，多岐にわたる．

5.4.2　タイルに焼き付けた高精細な磁器写真

タイルのような伝統的セラミックスは，古くから研究開発がなされてきたため，研究の余地が少なくなっているように感じる．そのような状況の中で，製品の高付加価値化を図る有力な手段の 1 つとして，意匠性を高めることが挙げられる．当所では，図 5.4.1 に示すような磁器写真の開発を支援した．これは，98 mm×98 mm のタイルの表面に，カメラで撮影した画像を焼き付けた製品である．通常のネガフィルムの他にデジタルカメラで撮影した電子データを現像に用いることも可能である．画像の転写には，カーボン・トランスファー・プリント法と呼ばれる 19 世紀に開発された古典技術を適用した．油絵のように立体感のある画像（3 次元レリーフ構造）が得られる点に特長がある．具体的には無機顔料を含むゼラチン画像膜を転写する技術であるが，紙とは性状の異なるタイルを基材に用いる点と，高温焼成によって

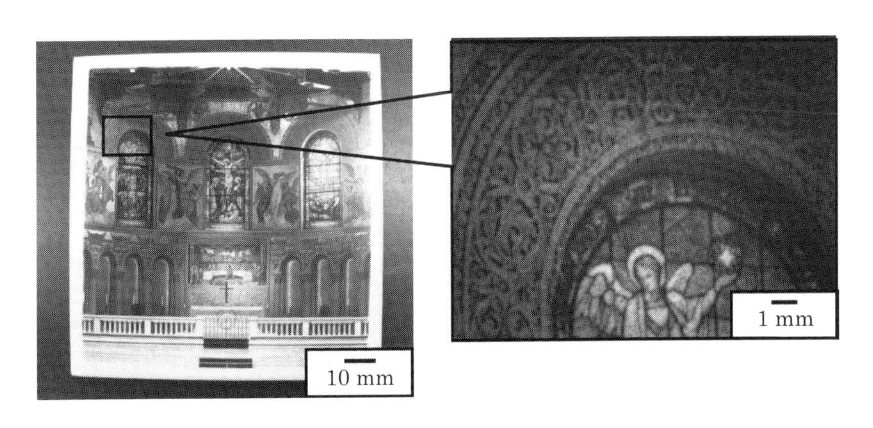

図 5.4.1　磁器写真の外観（左）と拡大像（右）©Keiji Doi

画像を焼き付ける点で，従来技術と異なる．すなわち，ゼラチンのような有機添加物は焼成工程で消失し，磁器写真はセラミックスのみから構成されるため，高い耐候性が期待できる．さらに，図 5.4.1 に示す拡大写真のように肉眼解像度を超える高い精細性が確認できている．

もともとは個人で活動している写真家（土居慶司）とともに芸術性を追及して開始した研究開発であったが，本製品の意匠性，耐候性，精細性の高さを勘案すると，広い分野の産業応用が期待できる．たとえば，出産や結婚等のメモリアル，モザイクタイルからなる芸術性の高い外壁，後世に残す画像データの保存技術としての利用が可能である．また，大理石等，他の基材への適用を試みることによって，さらなる用途拡大も期待できる．

5.4.3　アロフェンを用いた高活性光触媒の合成

光触媒は，光エネルギーを利用して有機物を分解できる触媒である．有機物分解のメカニズムについて，一般的に受け入れられているモデルを図 5.4.2 に示す．光触媒に光が照射されると，その光エネルギーを吸収して電子が励起される．生成した電子とホールが酸素や水と反応してラジカル種を生成し，これらが高いエネルギーを有するため，有機物の結合を切断して分解すると言われている．

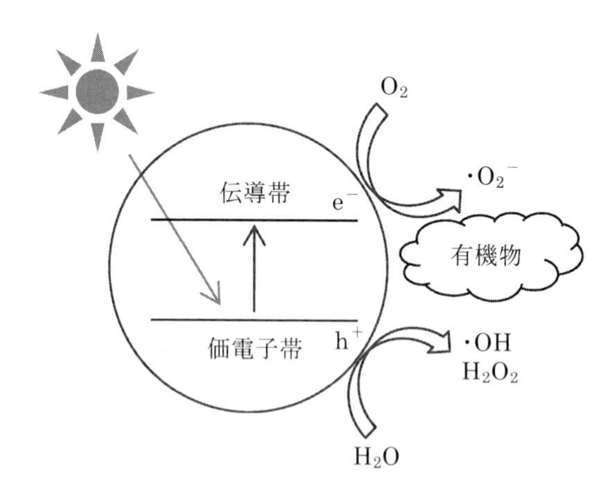

図 5.4.2　光触媒による有機物分解のメカニズム

この原理に基づいてラジカル種を生成するためには，半導体域のバンドギャップが必要であり，また光触媒自身がラジカル種に分解されてはならないため，光触媒にはセラミックスが用いられている．その中でも，酸化チタンは高い酸化力を有し，安価で化学的安定性が高いため，現在，最も広く利用されている．特に，防汚や環境浄化を目的とした製品開発が盛んに行われており，光触媒は日本が世界をリードする技術分野と言われている．光触媒の世界市場規模は1000億円まで成長したが，一方で，当初の市場規模予測と比較すると10％にも満たない．酸化チタン光触媒がかかえる主な課題として，①分解速度が遅いこと，②有機基材に担持する場合に基材を分解してしまうこと，③可視光（蛍光灯）を利用できないことが挙げられる．

上記①と②の課題を解決することを目的として，光触媒を比表面積の高いセラミックスと複合化する検討が盛んになされている．セラミックスの吸着機能を活かして分解速度を高めると同時に，複合化によって基材を保護することが期待できる．一般的には人工合成したセラミックスが用いられているが，当所では天然資源の有効利用を目的として，天然に産出する粘土である「アロフェン」に着目した．

アロフェンはAl_2O_3-SiO_2-H_2O組成からなり，直径3～5 nmの中空構造を有している．非常に微細で高比表面積であるため，光触媒との複合化に適した材料の1つと考えられる．ところが，従来通りの複合化処理を行ったところ，光触媒活性が低下してしまった．そこで，吸着特性および均一分布性の改善を目的として，アロフェンの選択溶解を行った[2)]．ここでいう選択溶解とは，アロフェンのうち酸に溶解しやすいAl_2O_3成分を溶解除去し，溶解しにくいSiO_2成分を残留させる処理を指す．その結果，図5.4.3に示す透過型電子顕微鏡像のような，酸化チタン粒子の周囲に均一にアモルファスシリカが存在する微構造が得られた．また，図5.4.4に示すように，アセトアルデヒドを分解対象とした評価試験において，酸処理によって光触媒活性が大きく向上する結果が得られた．

高活性光触媒の合成方法は多くの研究グループによって報告されてきたが，そのほとんどは高コスト原料や特殊な製造設備を必要とする．ここで紹介した方法であれば，酸化チタンを天然資源であるアロフェンと混合し，塩

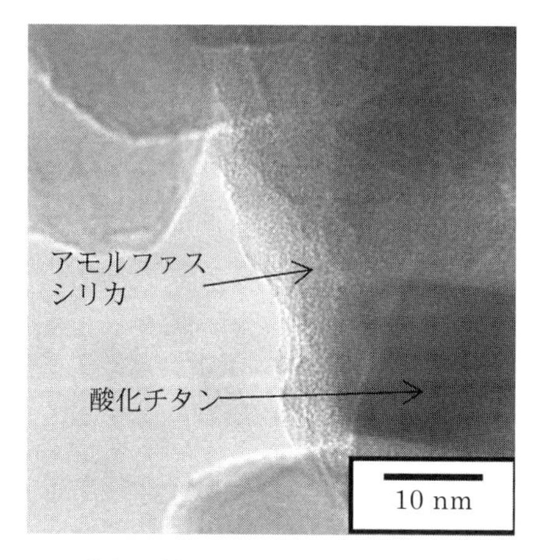

図 5.4.3 酸処理後に得られた光触媒試料の TEM 像

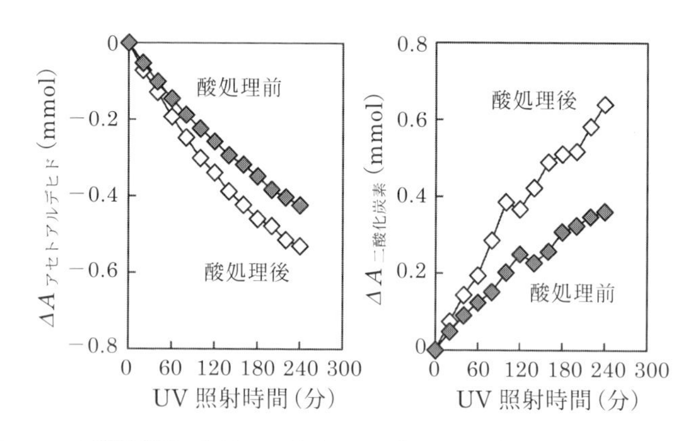

図 5.4.4 光照射下におけるアセトアルデヒドの分解と二酸化炭素の生成

酸で処理するだけで高活性光触媒を得ることが可能である．なお，本研究は東京工業大学応用セラミックス研究所の共同利用研究の一環として行った．

5.4.4 テンプレート法による多孔体の開発

多孔体は，材料中に含まれる多数の孔（穴，ポア）の特性を活用して，吸着材，フィルター材，断熱材，吸音材，触媒担体等に利用されている．代表的な合成法の１つとしてテンプレート材を用いた手法が知られている．テンプレート材とは焼成や溶解によって除去される材料のことであり，除去された跡が孔を形成することで多孔体が得られる．一般にテンプレート材には界面活性剤やラテックス等の有機物質が用いられることが多い．これらは分散性と除去性に優れているため，均一に分布する孔を容易に形成することができる．しかし，その多くは600℃以下で消失してしまうため，高温焼成することができない．テンプレート材に酸化ケイ素等のセラミックスを利用したケースも報告されているが，おそらく高温焼成に伴って溶解性が低下し除去が困難になるため，高温焼成したとする報告は見当たらない．すなわち，高温焼成後であっても消失することなく溶解除去可能なテンプレート材が用いられておらず，高結晶性の多孔体が得られていなかった．

そこで当所では，酸に溶解しやすいセラミックスの１つであるハイドロキシアパタイト ($Ca_{10}(PO_4)_6(OH)_2$) の柱状粒子を合成し，これをテンプレート材として用いた[3)]．まず，オルトケイ酸テトラエチルというアルコキシド中にハイドロキシアパタイト粒子を分散させながら，酸化ケイ素を析出させ複合体を合成した．この複合体を1300℃で焼成した後，ハイドロキシアパタイトの除去を目的として，1 mol/Lの塩酸で酸処理した．その結果，図5.4.5

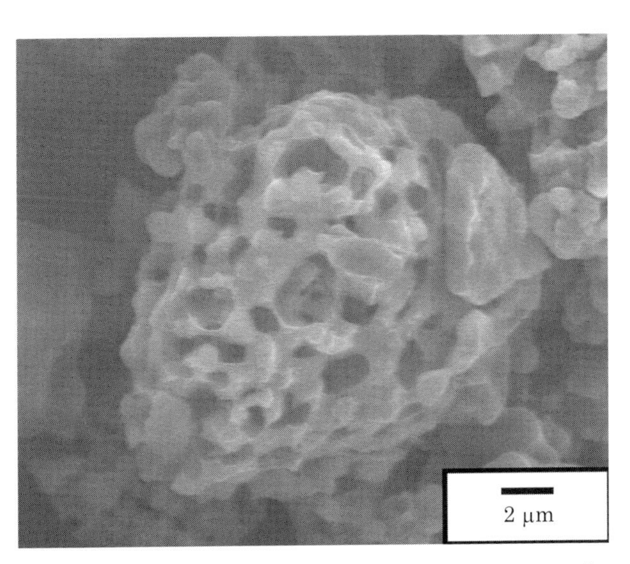

図5.4.5　テンプレート法により得られた多孔体のSEM像

に示すような多孔質構造を有する粉末が得られた．また，X線回折法で結晶相を調査した結果，酸化ケイ素の高温安定相である α-クリストバライト相であることがわかった．この研究成果は，テンプレート材を用いて多孔質クリストバライトを合成した初めての事例である．

前述のとおりセラミックスは組成の設計幅が広いために，数多くの新素材や新機能が見出されてきた．様々な技術革新に伴う産業発展により我々の生活の利便性が向上してきた一方で，環境汚染や資源枯渇など地球規模での環境問題が深刻化している．現在叫ばれている低炭素社会においても，各種触媒，電池さらには人工光合成等の分野で，セラミックスの活躍が期待される．

参考文献

1）日本セラミックス協会編：第2版　セラミックス辞典〈普及版〉, 丸善, (2005), 395.

2）Y. Ono and K. Katsumata: Appl. Clay Sci., **90** (2014), 61.

3）Y. Ono: Ceram. Int., **41** (2015), 3298.

第 6 章

太陽光発電対応技術

移動体に搭載可能な光源追尾式太陽光パネル

阿部　顕一

近年，エネルギーコストの高騰や地球温暖化に対する取り組みとして，これまで以上にエネルギー利用の効率化や代替エネルギー源の開発が求められている．特に太陽光を利用する太陽光パネルは政府や自治体の補助，さらに製品単価の低下もあり，急速に普及している．

通常，建物の屋上に太陽光パネルを設置する場合，太陽光量が最大となる南中時に最大効率となるように，太陽光パネルは南方に向けて設置する．しかしながら，太陽の周天運動により，最大効率で発電できるのは太陽がパネルに対して正対する間の短時間であり，前後の時間は効率が低下する．

発電量を向上させるためには，パネルの数を増やして受光面積を大きくすれば良いが，限られた設置面積においては，太陽光パネルの発電効率を向上させる必要がある．パネル１枚当たりの発電効率を向上させる方法の１つとして，パネルに駆動機構を設け，常にパネルを太陽に正対し続ける手法が検討されている．

本節では，県内中小企業の（有）グリテックスインターナショナルリミテッドが開発した光源追尾式太陽光パネルの実用性評価試験を紹介する．開発したパネルの優位性を実証するために，移動体に太陽光パネルを搭載し発電効率と実用性の比較評価を行った．

6.1.1　船舶を利用した搭載実用性試験

追尾式太陽光パネルを用いて同サイズの固定式パネルとの比較実験を行い，有用性・実用性を確認し，利点や問題点を抽出することを目的に共同研究を実施した．本件では，地面に設置するよりも過酷かつ追尾機能の特徴が発露しやすいと思われる移動体に，パネルを搭載し比較実験することとした．移動体に搭載することで，太陽が相対的により広範囲に移動するため，追尾機構が頻繁に作動し，さらに，移動時における加減速による衝撃に対する機構の耐久性の確認が行える．移動体の選択としては，極端な急加減速や衝突を行わないこと，急激な方向転換を行わないこと，そして電源インフラから隔絶されていることを条件とし，船舶に搭載することとした．本実験には神奈川県の研究機関である水産技術センターの漁業調査指導船「江の島丸」（図6.1.1）を利用した．図6.1.2に示すように，固定式パネルと追尾式パネルを

図6.1.1
漁業調査指導船
「江の島丸」

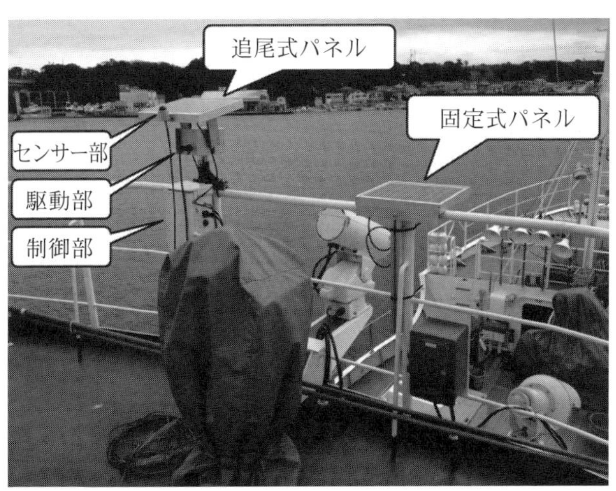

図6.1.2
実験システム

船の甲板に設置して比較実験を行った．パネルの大きさは，310×350 mm，最大電力は 10 W である．

6.1.2 追尾センサーと駆動機構の制御

従来型の追尾の制御機構は，日時・緯度・経度から太陽位置を算出し，その方向に向けてパネルを駆動する方式であるが，緯度経度情報の保存や季節ごとの時間制御など高性能な制御装置が必要となる．このため，太陽を追尾して発電量を向上させても，制御装置の駆動に電力を消費されてしまう．開発した機構では，軌道計算等は行わず，光量センサーを用いて光源を追尾する方式を採用した．この方式は，簡単な光量センサーを 3 個 1 組として正三角形状に配置したものである．正三角形の面が光源に正対すれば，3 個の光量センサーの出力は同じであるが，光源が移動すると，移動した側に近い光量センサーの出力が上昇し，センサー間の出力に差異が生じる．パネルの駆動機構は，この出力差異を直接フィードバックすることで，簡単なアナログ回路により追尾制御を実現している．季節や日時を基に計算された太陽周天軌道に向けて制御するのではなく，天空の最大光源に向けてパネルを駆動することに特徴がある．

当初，共同研究企業が開発した駆動機構 (図 6.1.3) は，仰角と方位角を個

図 6.1.3　駆動機構の試作機

別のモーターで駆動する方式であり，構造や制御が簡単であるが，それぞれの回転軸に外力が集中してしまうことが課題であった．また，およそ太陽のある南方向に向けて設置することを前提としているため，北方向の方位角に死角があった．そこで，移動体搭載用の新たな機構として，図 6.1.4 のような 3 本の支柱でパネルを保持する駆動機構を開発した．3 本の支柱のうち 2 本は伸縮可能になっており 2 自由度のパラレルリンク構造になっている．2 本の伸縮可能な支柱の長さを制御することで，パネルを全方位に追尾できるようになり，また外力の負荷も分散され，機構の剛性を向上させることができた．

図 6.1.4　全方位追尾可能な改良型駆動機構

6.1.3　光源追尾式パネルの特徴

固定式パネルと，従来型およびセンサー型追尾式パネルとの比較を表6.1.1に示す．設置面積は，固定式，追尾式とも支持部がパネル下に配置されるため同等である．発電効率は，固定式は太陽が南中時のみ最大効率になり前後は低下するが，追尾式は常に高効率である．さらに本センサー型追尾式では，ビルや木などにより太陽が直視できない場合でも，他のより明るい光源（反射光など）を追尾できるため，従来型に比べさらに高い効率が得られる．1日の発電時間は，固定式は太陽光の入射角が大きくなるまで発電効率が低いが，追尾式は日出直後から日没直前まで発電できる．

装置費用は，固定式に比べ追尾式は高価だが，従来型追尾式の制御装置に比べ本センサー型追尾式は安価なセンサーを使用しているため比較的低コストである．また，設置面では，固定式はおおよそ南方に向けて設置するのみだが，従来型追尾式では装置の特性上正確な方位や緯度・経度に合わせて調整する必要がある．これに対し，本センサー型追尾式では，方位に関係なく設置できるので低コストである．

表6.1.1　各種太陽光パネルの比較

	固定式	従来型計算追尾式	センサー型追尾式
設置面積	○	○	○
発電効率	△：太陽が南中時	○：太陽に正対	◎：最大光源に正対
発電時間	△：光の入射角が高い時	○：日出，日没まで正対	○：日出，日没まで正対
装置費用	○	×：太陽の軌道計算	△：簡単なセンサー
設置費用	△：南方向に設置	×：方位，緯度，経度	○：設置方向を問わない

6.1.4　発電効率の優位性を実証

夏季（8月）と冬季（12月）の各1か月間，風雨，海水，船の振動を受けるように，船室外に太陽光パネルを設置し，実験を実施した．それぞれの期間において，固定式パネルと追尾式パネルで記録された代表的な5日間の結果を図6.1.5に示す．横軸が時間，縦軸が発電電力を表す．太陽光パネルの

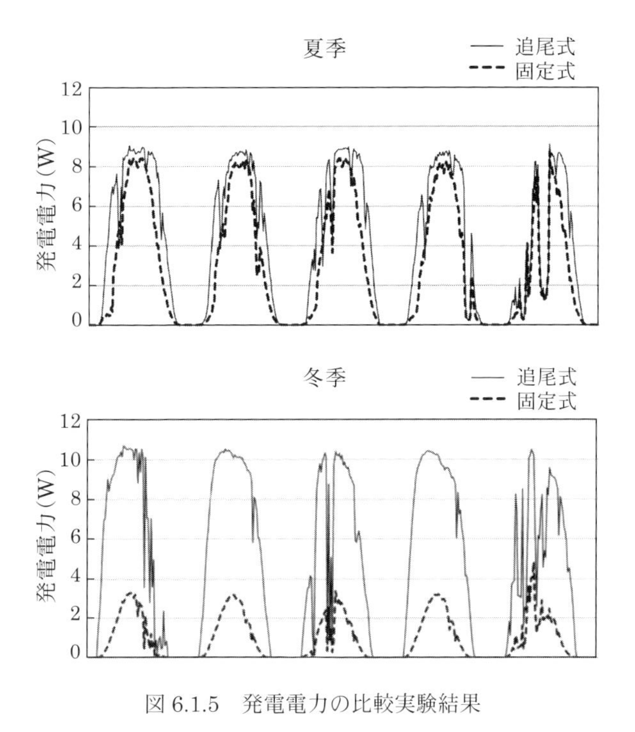

図 6.1.5　発電電力の比較実験結果

発電の特徴は，日出直後より発電が始まり正午に向かって発電量が徐々に増えていき，正午以降発電量は徐々に低下し日没後は発電しなくなる．

夏季と冬季の共通の結果として，固定式に対して追尾式の発電時間は，日出で約1時間早く，日没で約1時間遅い時間まで拡大できることがわかった．また，1日当たりの発電量（図 6.1.5 のグラフの面積に相当）は，固定式に対して夏季で 1.4 倍，冬季では 3.6 倍発電することができた．夏季には太陽が天頂に近い軌道を通るため，太陽方向に向いていない固定式パネルも高効率で発電できるので電力の差は小さい．一方，冬季は固定式パネルでは太陽光の入射角が夏に比べ小さいため効率が落ち込むのに対し，追尾式パネルは高効率を保ち電力の差は大きくなった．

試作した追尾機構は，それぞれの期間の実験終了後に動作を確認したが，風雨，海水，船の振動が加わる環境下においても破損や故障などは見当たらず，長期間の使用が可能であることを実証できた．

6.1.5　大型太陽光パネルへの展開

以上の実験により，固定式パネルに対して追尾式パネルの発電電力の優位性が評価できた．また，実験期間は短期間であったが，試作した移動体用追尾機構は，塩害や振動が加わる環境においても使用可能であることが見出せた．この結果，共同研究企業は本実験の成果を基に，大型の追尾式太陽光パネル（図 6.1.6）を製作し，販売を開始した．

追尾式パネルは，高効率に発電ができても，駆動装置や制御装置に電力を消費してしまうという先入観がある．単純に数十 kg のパネルの姿勢を頻繁に変えるには大きなエネルギーを必要とするが，ヤジロベエのように，重心に近い位置でバランスを取りながら支持すれば，わずかな外力を与えるだけで姿勢を変化させることができる．さらにその変化も，方位角でみれば約 12 時間かけて 180° 回転させるだけなので，消費電力は少ない．また必ずしも厳密な追尾を行う必要性はないので，一定時間ごとに追尾機構を作動させるだけにすれば，さらなる省電力化が狙える．

今後，移動体での実験を継続しパネルの効率と実用性の向上を図りつつ，市場への認知，普及を目指す．

図 6.1.6　大型追尾式パネルの展示

6.2 太陽電池用多結晶シリコン中の軽元素分析

小野　春彦

結晶シリコン太陽電池は，安価で高効率であるため一般に広く普及しており，太陽光発電の世界的市場において，相変わらずそのシェアは圧倒的に大きいとの認識が一般的である．しかしながら，基板に用いられるSi結晶中には，酸素，炭素，窒素などの軽元素が微量に混入しており，これらが様々な形態の複合体となって，太陽電池の変換効率などの品質に悪影響を及ぼしている．

特に，比較的安価に製造できる多結晶シリコン(mc-Si)では，転位や結晶粒界などの結晶欠陥が存在するため，これらが軽元素不純物の挙動をさらに複雑にし，太陽電池の性能低下に大きく関わっている．太陽電池のさらなる品質向上のためには，Si結晶中の微量な軽元素複合体を高精度で検出し，その挙動を理解することにより有効な制御手段を講じることが求められている．

当所では，明治大学との共同で太陽電池用の多結晶シリコン中の軽元素と結晶欠陥に関する研究を推進してきた．これまでの研究成果の概略を紹介する．

6.2.1 LSI用単結晶Siと太陽電池用多結晶Si

従来LSI用に使用されている高品質の無転位単結晶Si基板は，チョクラルスキー(CZ)法で作製されたものである．含有する不純物の中で最も多いのは坩堝から混入する酸素で，その濃度は$10^{18}cm^{-3}$程度(数十ppm)である．他の軽元素は$10^{15}cm^{-3}$以下，重金属は$10^{12}cm^{-3}$以下に抑えられている．このように，LSI用のCZ-Si結晶は非常に高純度であるが，さらに結晶成長技術の高度化によって完全無転位の単結晶が得られている．今日のエレクトロニクス産業は，このような高品位の単結晶Si基板によって支えらえている．

一方，現在商業ベースで主流となっている結晶シリコン系太陽電池では，コスト低減のためキャスト法で作製した多結晶のmc-Siが最も多く用いられている．mc-Siには転位や粒界などの結晶欠陥が多く含まれるが，このような結晶欠陥を多量に含むような条件下での，高濃度の軽元素の挙動はほとんど明らかにされていないのが現状である．その背景には，LSI用の単結晶SiがCZ法で無転位化されたため，Si結晶中の軽元素(O, C, N)に関する多くの研究は，高品位の完全無転位単結晶を用いてなされ，酸素をはじめとする軽元素不純物と結晶欠陥との相互作用についての知見が集積されていないことによる．

6.2.2 酸素と炭素による中赤外吸収スペクトル

このような極微量の不純物元素を高感度に検出する手段として，フーリエ変換赤外分光法(FTIR)が有力である．FTIRでは軽元素の濃度ばかりでなく，化学結合状態に関する知見も得ることができる．

図6.2.1は，通常の室温FTIRを用いて得られたmc-Siの赤外吸収スペク

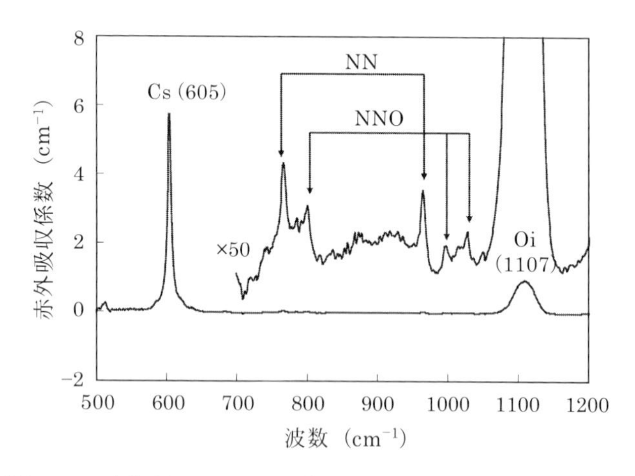

図6.2.1　多結晶シリコン中の軽元素による赤外吸収スペクトル

トルの一例である．605 cm^{-1} の強い吸収は置換型炭素 (Cs)，1107 cm^{-1} の吸収は格子間酸素 (Oi) の原子振動によるもので，これらの濃度はともに 3～5×10^{17} cm^{-3} (十 ppm レベル) である．

一般に LSI グレードの CZ-Si 単結晶と比較すると，キャスト法で成長した mc-Si 結晶中の酸素濃度はやや低めの数値を示す．これは，坩堝内壁に塗布されている離型材により，坩堝から Si 融液への酸素の拡散が抑制されているためである．一方，mc-Si 中の炭素は結晶成長炉の内壁やヒーターから大量に混入 (LSI グレードの 100 倍) する．高度に管理された LSI グレードの結晶成長装置に比べ，コスト低減により雰囲気制御されないソーラーグレードならではの特徴である．

図 6.2.2 は，炭素と酸素の結晶内分布である．キャスト成長した mc-Si を縦切りにし，その左半分の領域について 10 mm 間隔で赤外吸収強度を調べたものである．Cs は結晶上部ほど濃度が高く，Oi はその逆の分布になっていることがわかる．

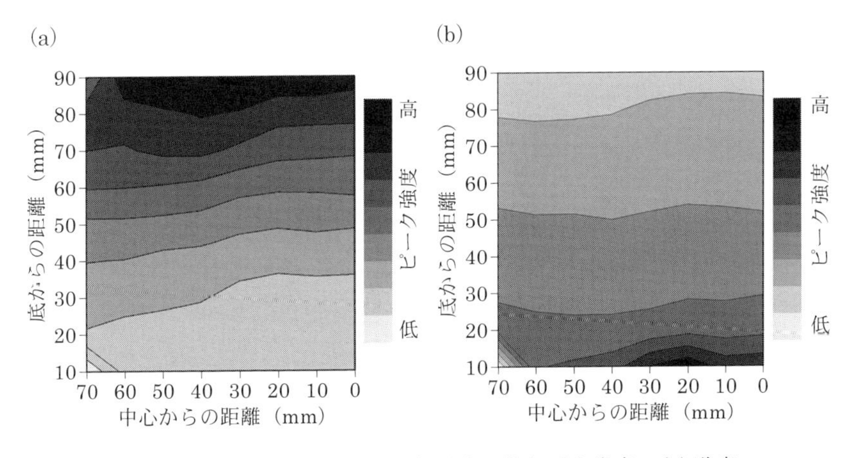

図 6.2.2　多結晶シリコン中の軽元素の分布 (a) 炭素，(b) 酸素

6.2.3　窒素の複合体と結晶内分布

キャスト法では，坩堝内壁に塗布された窒化ケイ素の離型材から，Si 結晶中に窒素が混入する．Si 中の窒素の固溶限は高くないので，混入した窒素は比較的低濃度でも析出し，結晶品質を低下させ，太陽電池の変換効率に影響を及ぼすことが懸念されている．

図 6.2.1 に示したように，700～1100 cm^{-1} の波数領域を 50 倍に拡大すると，窒素複合体（NN，NNO）による吸収ピークが検出された[1]．窒素は Si 結晶中で単独の原子として存在せず，主に NN や NNO のような複合体として存在する（図 6.2.3）．NN は 766 cm^{-1} と 963 cm^{-1} に 2 個の振動モードを持ち，NNO は 801，996，1026 cm^{-1} に 3 個の振動モードを持つ．図 6.2.1 から，結晶成長の過程で離型材から Si 融液中に溶け出した窒素原子が，単結晶の場合と同様な複合体の形で mc-Si 中に混入していることがわかる．ピーク強度から窒素濃度を推定すると，Si 結晶中の固溶限界に近い 10^{15} cm^{-3} レベル（約 0.1 ppm）である．

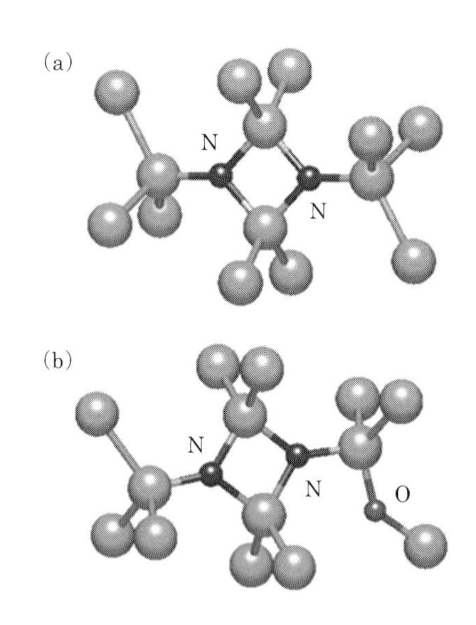

図 6.2.3　シリコン結晶中の窒素複合体 (a) NN 複合体，(b) NNO 複合体

NNとNNOのピーク強度を図6.2.2と同じ縦切り結晶の各位置で測定し，それぞれの分布を比較した．NNを代表して963 cm^{-1}のピークを，またNNOを代表して996 cm^{-1}のピークを図6.2.4 (a) (b) に示した．これらの分布には共通点もあるが，局所的な分布の違いに着目すると，2つの分布は互いに相補的な関係になっていることがわかる．これは，結晶内のある領域でNNとOiが結合しNNOが形成される反応が起こったためであると考えられる．

結晶成長過程において，過剰の窒素はSi_2N_2OやSi_3N_4などの窒素析出物となって出現する[2)]．その形成機構や結晶欠陥との関係を明らかにするためには，窒素原子の総量を調べるだけではなく，複合体であるNNやNNOの挙動をそれぞれ考えていくことが重要である．

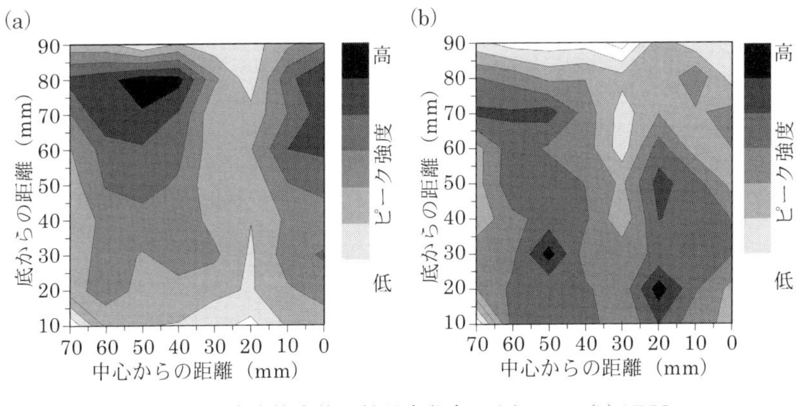

図6.2.4　窒素複合体の結晶内分布　(a) NN，(b) NNO

6.2.4　結晶粒界と酸素析出

軽元素や析出物のさらに微細な分布を調べるためには，μ-FTIRが有力である[3)]．μ-FTIRで得られた酸素析出物の分布を図6.2.5に示す[4)]．白っぽい領域はピーク強度が強く，酸素析出物が多いことを表している．次に，図6.2.5と同じ領域の粒界分布を電子線後方散乱回折法 (EBSD) により調べた．図6.2.6 (a) はΣ3粒界を，(b) はランダム粒界をそれぞれ分離して示している．ただし，EBSDでは表面近傍の粒界の様子しかわからないので，厚さ0.4

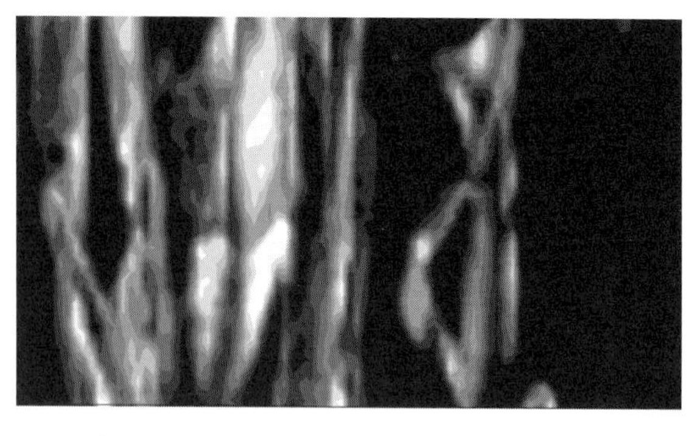

図 6.2.5　酸素析出物の局所分布

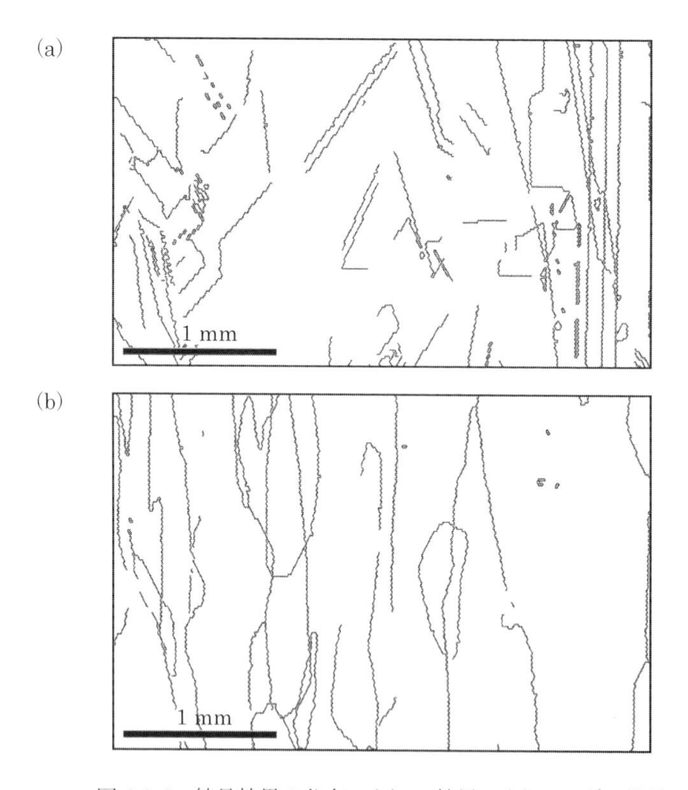

図 6.2.6　結晶粒界の分布　(a) Σ3 粒界，(b) ランダム粒界

mm の試料の両面でそれぞれ測定し各粒界の位置と種類を特定した後，これらを重ねて表示してある．これによって結晶内部の粒界の様子がある程度推測できる．

図 6.2.5 と図 6.2.6 (a) (b) とを比較すると，Σ3 粒界の分布は酸素析出物の分布と必ずしも一致していないのに対し，ランダム粒界の分布は酸素析出物の分布と非常によく似ていることがわかる．このことから，酸素析出物は Σ3 粒界ではなくランダム粒界の周辺に存在しており，ランダム粒界が酸素の析出核となっている可能性が示唆される．

Σ3 粒界は対称性の高い対応粒界であり，不対電子のような構造欠陥を伴わず，局所的な歪みもほとんどないことが知られている．一方ランダム粒界には，多くの構造欠陥とともに局所歪みが存在することが容易に想像でき，これらが酸素の析出核として働くと考えることは妥当性がある．

6.2.5 軽元素複合体の電子遷移による吸収

図 6.2.7 は，mc-Si 試料を約 10 K の極低温に冷却して得られた遠赤外域の吸収スペクトルである[5)]．バンドギャップ中の浅い準位の電子遷移による光の吸収が鋭いピークとなって観測される．270, 320, 340 cm^{-1} の 3 つの強い吸収は，ドーパントの P ドナーに起因する基底状態 1s から励起状態 $2p_0$, $2p_\pm$, $3p_\pm$への電子遷移による吸収線である．

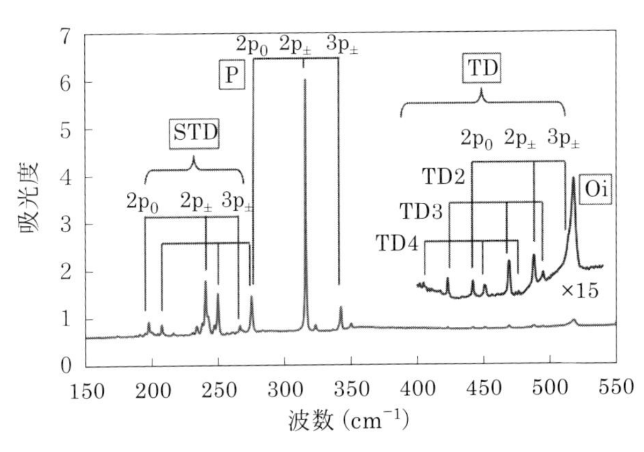

図 6.2.7　電子遷移による遠赤外吸収スペクトル

$400 \sim 500\ \mathrm{cm}^{-1}$ に現れる多数の吸収線は，サーマルドナー（TD）と呼ばれる複数個の酸素原子が集まった複合体によるものである．これらは，その複合体を構成する酸素原子の数により異なったエネルギー準位を持ち，TD2, TD3, TD4…などと命名されている．それぞれがPの場合と同様，$2p_0$, $2p_{\pm}$, $3p_{\pm}$などへの電子遷移による吸収線を有している．測定した試料中にはすでに 0.001 ppm レベルの TD が含まれていることがわかった．

さらに，$200 \sim 270\ \mathrm{cm}^{-1}$ の吸収ピーク群が，シャローサーマルドナー（STD）と呼ばれる酸素と窒素の複合体である．TD と同様，電子遷移に特有な複数の吸収線が識別される．キャスト成長した mc-Si 結晶中には，シリカ坩堝から混入した酸素と，離型材から混入した窒素によって，0.01 ppm レベルの STD が形成されていることがわかった．

6.2.6 太陽電池用シリコン結晶の展望

最近，結晶成長法の工夫により，安価に高品質の Si 結晶を得る技術が開発されている．たとえば，単結晶を種結晶として用いたシードキャスト法による「擬単結晶」や，逆に細かな種結晶粒により粒界を増やして転位を低減した「ハイパフォーマンス結晶」，あるいはプロセスを簡略化したソーラーグレードの CZ-Si 単結晶が注目されている．LSI では Si 基板の極表面のみを利用するため，その領域さえ完全性が高ければ良かったが，太陽電池では Si 基板内部の結晶全体の品質がデバイス特性を左右してしまう．このため，これらの結晶に残留する結晶欠陥や不純物を制御する取り組みは，今後も続くことになるだろう．今後も高効率化とコスト低減が，太陽光発電における重要な研究開発課題である．

コストと品質とのトレードオフの関係は避けられない問題ではあるが，結晶欠陥が軽元素不純物に及ぼす効果，あるいは太陽電池特性への関わりについての正しい理解が低コスト・高品質の追及に必須である．

参考文献

1) H. Kusunoki, T. Ishizuka, A. Ogura and H. Ono: Appl. Phys. Express, **4** (2011), 115601.

2) H. Ono, Y. Motoizumi, H. Kusunoki, K. Sato, T. Tachibana and A. Ogura: Appl. Phys. Express, **6** (2013), 081303.

3) H. Ono, T. Ishizuka, C. Kato, K. Arafune, Y. Ohshita and A. Ogura: Jpn. J. Appl. Phys., **49** (2010), 110202.

4) T. Uno, K. Sato, A. Ogura and H. Ono: Jpn. J. Appl. Phys., **55** (2016), 041302.

5) K. Sato, A. Ogura and H.Ono: Jpn. J. Appl. Phys., **55** (2016), 095502.

Column 4　おもしろ写真館

ロボット？

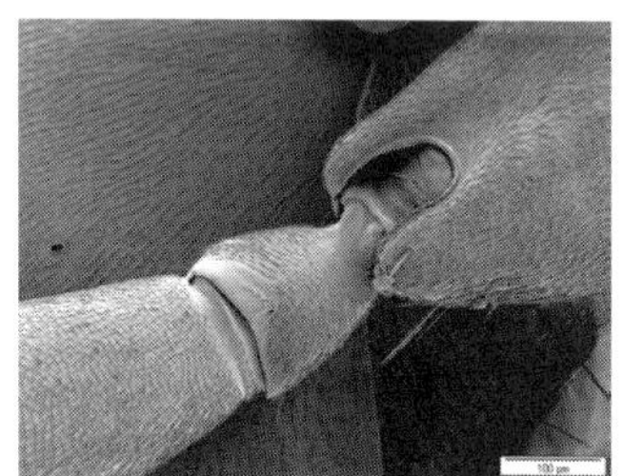

（アリの脚関節 SEM 像）

皆既日食？

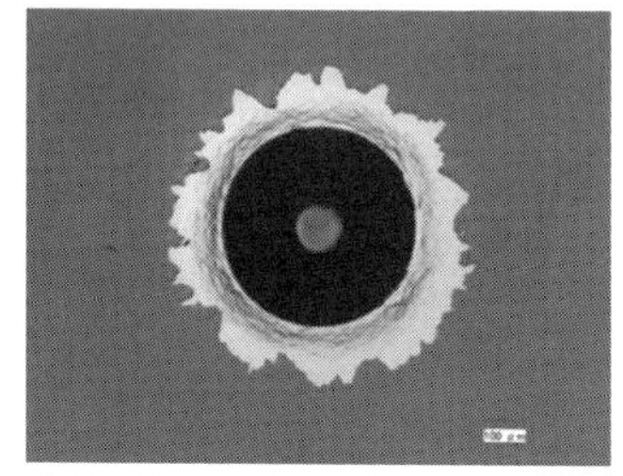

（ダイヤモンド圧痕）

ヒトデ？

（Au-In_2O_3 ナノ粒子）

イクラ？

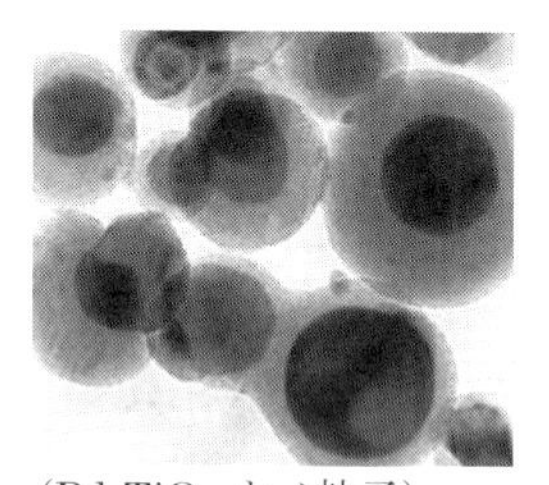

（Pd-TiO_2 ナノ粒子）

メロン？

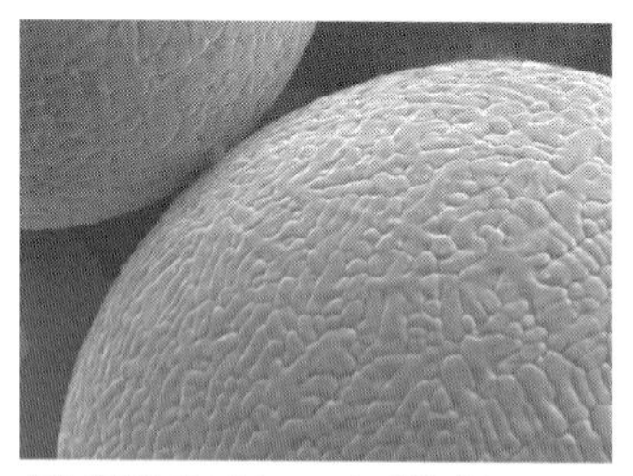

（炭素鋼のアトマイズ粉末）

第 7 章

故障解析による信頼性の向上

7.1 機械部品の破損事故における故障解析事例

佐野　明彦

我々の身の周りにある大小様々な金属材料製の機械部品は，高品位化しているにもかかわらず，破損事故があとを絶たない．破損事故の再発防止には，製造者側も使用者側も細心の注意を払う必要がある．当所が支援した過去数年間の破損事故例を見ると，海外に部品を外注して不具合が起きる例が多いように思われる．本節では，それらの事例から，当所で何を解析し，どのような再発防止策を提案したかを紹介する．

7.1.1　故障解析の手順

一般に，部品等が破損した場合，直ちに調査を開始することが肝要である．調査を依頼する側の注意事項として，破面に錆を発生させないことや，破面同士を突き合わせて破面に残る微細な破損の痕跡を損傷させないことに傾注しなければならない．また，破損に至るまでの経緯を知るため，破損品の設計・製造や使用状況，保守点検記録，損傷状況資料等の各種資料を収集しておくと，破損原因の手がかりを得るのに役立つ．

当所における故障解析の調査は，破損品の破面観察から始めることが多い．まず，低倍率の実体顕微鏡で破面を観察し，破壊起点や進行方向を把握する．次に，走査電子顕微鏡（SEM）を用いて高倍率での観察を行い，破壊の種類を特定する．破損品が設計強度を満たしているかどうかを調査する場合は硬さ測定を，また熱処理が適正に行われていたかどうか問われる場合は金属組織観察を行う．

7.1.2　金属組織観察の重要性

当所に技術相談に来所された企業の中で，破損品の調査を実施した事例を紹介する．

ある事例では，調査の結果，海外に外注する部品図の表題欄に，硬さしか指定していないことがわかった．このような事例は多く見られるが，硬さが同じでも金属組織の違いにより疲労強度が異なる場合があるので注意が必要である．図 7.1.1 は 2 種類の SCM435 クロムモリブデン鋼の金属組織であるが，この 2 つの材料の硬さはどちらも同じ 282 HV0.1 である．(a) は調質材で，金属組織は焼戻しマルテンサイト，一方 (b) は同じオーステナイト化温度から毎秒 2℃で冷却した時の金属組織で，フェライト，パーライト，中間段階組織 (Zw) とマルテンサイトからなる [1)]．同一材料で硬さが同じ時，焼戻しマルテンサイト組織が最も疲労強度が高いことが知られている [2)]．このような事例の場合には，外注する際の部品図の表題欄に，硬さだけでなく熱処理方法も併記することにより，部品の長寿命化を図ることに結びつけることができた．

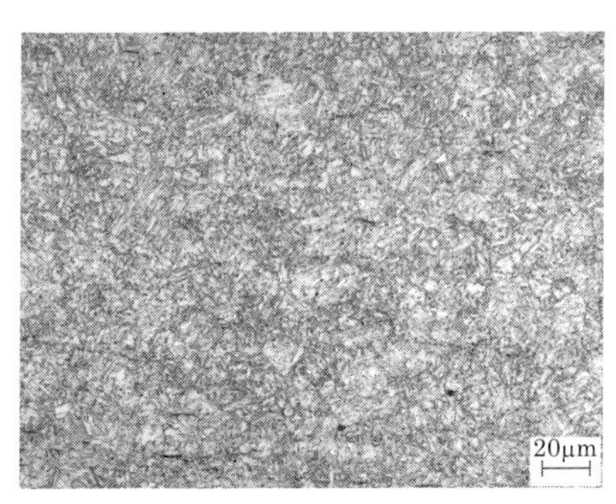

(a) 調質材

(b) 2℃毎秒冷却材

図 7.1.1　SCM435 の金属組織

7.1.3　実際の破損事例とその解決

別の事例として，SUS304 の水配管用パイプが早期に破損し水漏れを起こした案件の技術相談が持ち込まれた．相談者は，海外で SUS304 相当のパイプを調達し，装置へ組み込んでいた．水漏れを起こした部分は，目視で結晶粒界に沿って破壊しているように思われた．割れ開口部から試料を採取して，破断面のSEM観察を実施したところ，図7.1.2のような結晶粒界で破壊した脆性破面が観察された．併せて，破面近傍やその他の部位の組織観察を行った結果，図7.1.3 (a) のような典型的な鋭敏化組織や，(b) のような加工組織が観察された．(c) の割れは応力腐食割れのように思われる．

そこでさらに相談者に聞き取りをしたところ，パイプの装置への取り付け位置がずれていたため，パイプをハンマーで叩いて変形させたり，バーナーで加熱し変形させて取り付けたりしたことが判明した．すなわち，加熱でパイプの一部が鋭敏化し図7.1.3 (a) のような組織となり，脆性破壊を起こし，ハンマーでたたいて変形したことで一部に加工組織の態を呈する (b) のような部分ができたと推測できる．また，変形でパイプの一部に引張応力が発生し，塩素イオン濃度が高い水を用いたため (c) のような応力腐食割れを起こしたと推察される．対策として，パイプ内を流れる水の塩素イオン濃度を下げること，仕様通りにパイプを加工し，取り付け時に無理矢理曲げたり，安易に加熱したりしないことを助言した．また，製造者にSUS304の特徴を理解させるための簡単な教育を提案した．

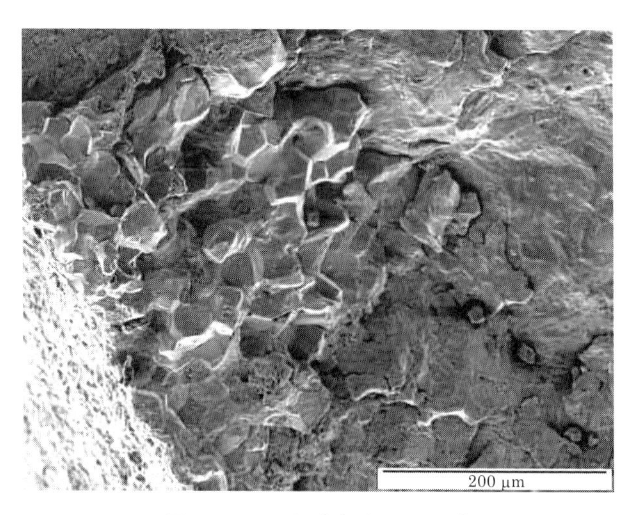

図7.1.2　パイプ破面のSEM像

(a) 最大開口部近傍

(b) 加工組織

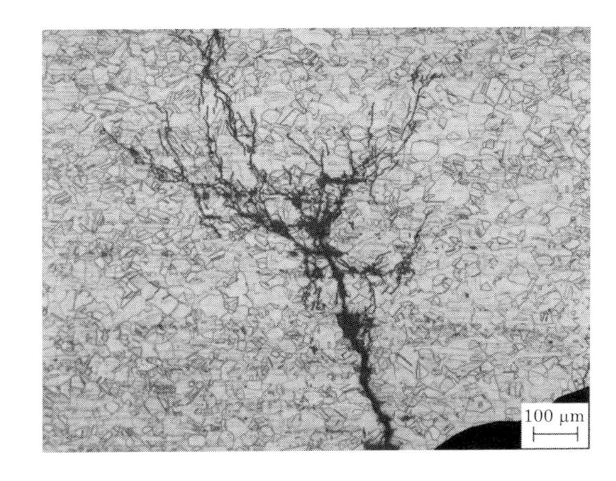

(c) 内面からの割れ

図 7.1.3　パイプ破面の金属組織

故障解析の事例は，企業にとっては一般にマイナスイメージとなるため公開されないことが多い．今回紹介した案件は，製品外観を示さない条件付きで了解を取り，一部を公開させてただいた．ご協力ただいた関係各位に感謝の意を表したい．

故障解析の事例を通して見えてきたことは，部品メーカーが材料特性や加工技術を把握せずに製造しているケースが多いことである．少なくとも自社製品に関して，どのような特性の材料を，どのように加工して使っているかを把握しておけば，万一不具合が起こった時に，当所で実施しているような故障解析により直ぐ対応を取ることができる．

参考文献

1）日本金属学会編：金属データブック（改訂 3 版），丸善，(2000)，446.
2）藤木 榮：金属材料の組織変化と疲労強度の見方，日刊工業新聞社，(2004)，105.

7.2 微小部元素分析装置を用いた故障解析事例

曽我　雅康，本泉　佑

「故障」とは，一般にアイテムが規定の機能を失うことと定義されているが，実際には，本来の故障だけでなく，検査基準の変更までを反映する不具合全般を指すことが多い．また，「故障解析」とは，故障要因の解明だけでなく，それにもとづく設計変更や工程改善などによる信頼性の向上も含んだものである．当所では，企業からの技術相談に対応し，機器分析を中心とした故障解析による技術支援を行っている．故障解析の最初のステップは故障要因の解明であるが，その主要因は環境によるものであることが多いのにもかかわらず，故障時の環境が不明の場合が多い．また，故障の要因も１つでなく複数であることが通例で，同じ故障に見えても別の要因や，複合的な要因で発生している場合もある．

7.2.1　故障解析の要因と制限

故障の例として電子部品の接点不良を取り上げてみると，その故障要因としては，異物の付着，酸化や硫化などの表面汚染による表面絶縁物の増加，ばね圧の低下による接触面積の減少，通電によるクリーニング機構の劣化などが想定され，これらが単独または複合化して接点不良が起きていると考えられる．

故障解析における主要因解明は，設計変更や工程改善などによる信頼性の向上が目的であるため，要因が故障に与える影響をその大きさにより統計的に取り扱い，順位付けする必要がある．そのため，故障の発生箇所，故障率，使用環境，材質などの情報が必要となってくる．また，故障は“まれ”な現象であることが多く，故障を起こした部品の数は多くないので限られた情報しか得られない．したがって，故障発生時点で得られた断片的な情報を補完し統合して判断することになるので，過去の経験や知識の蓄積も重要となってくる．

さらに，故障は，不具合の対策が施されない時間が長くなればなるほど，それに比例した損失が生じるため，解析に与えられる時間的余裕に制限がある．また，故障要因の解明が直接利益を生じるわけではないため，予算的制限もある．

7.2.2　故障解析に用いられる微小部元素分析装置

上であげた電子部品の接点不良のような故障に対して，当所では，電界放出型電子線マイクロアナライザ (FE-EPMA)，微小部 X 線光電子分光分析装置 (μXPS)，電界放出型オージェ電子分光分析装置 (FE-AES) の 3 種類の原理の異なる微小部元素分析装置を用いて対応をすることが多い．これは，これらの装置が上述の故障要因としてあげた，付着した異物，生成した表面絶縁物，接触面積の変化の様子などを分析，観察するのに適しているためである．表 7.2.1 に各分析装置の仕様や特徴を示す．3 種類の微小部元素分析装置のうち FE-EPMA は最も汎用性が高く，故障解析を行う上で非常に有力なツールである．以下では FE-EPMA と μXPS を用いた故障解析事例を 3 件紹介する．

表 7.2.1　分析装置の比較

装置名	FE-EPMA	μXPS	FE-AES
プローブ	電子線	X 線	電子線
検出情報	特性 X 線	光電子	オージェ電子
分析深さ	数マイクロメートル	数ナノメートル	数ナノメートル
最小分析広さ	数十ナノメートル	十数マイクロメートル	数十ナノメートル
絶縁物の分析	△：前処理により可能	○	×
深さ方向分析	△：断面研磨により可能	○	○

7.2.3 コネクタ端子めっき部の腐食による導通不良

コネクタ端子の導通不良が発生したとの相談を受けた．この不具合は特定の医療機関の治療台付近に設置してある製品でのみ発生しており，故障の主要因が使用方法に起因している可能性が疑われた．図 7.2.1 にコネクタ端子の外観写真を示す．端子は，銅の表面にニッケルめっき，金めっきを施したものである．導通不良品においては，図 7.2.1 の写真上部のように茶色く曇ったような変色が広範囲に見られた．

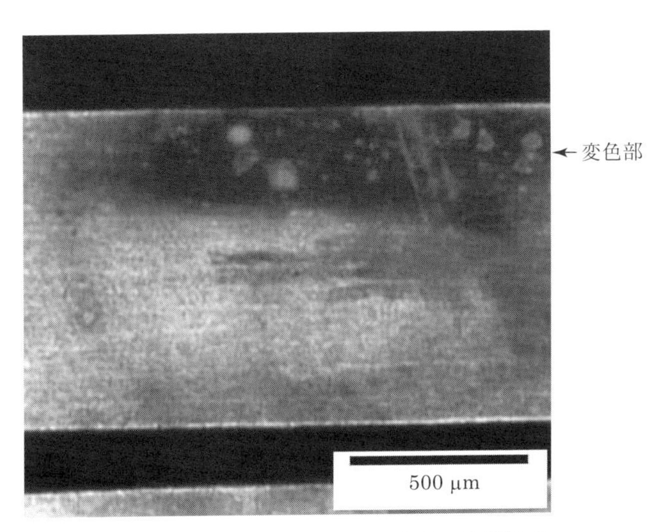

図 7.2.1　コネクタ端子不具合品の外観写真

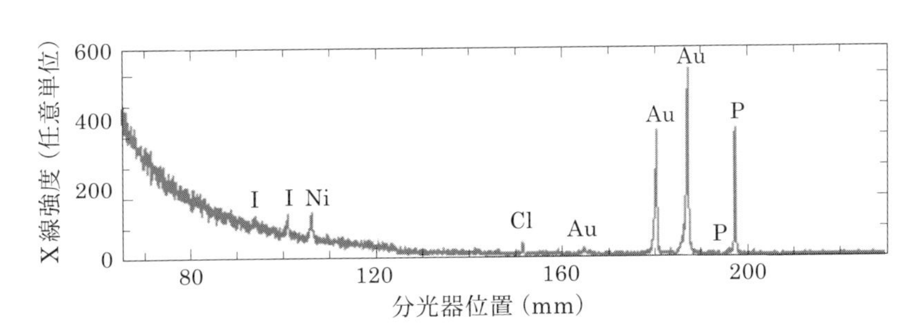

図 7.2.2　コネクタ端子の EPMA 定性分析

変色の原因を確認するため，FE-EPMAを用いて良品および導通不良品の元素分析を行い，故障解析を実施した．図7.2.2に定性分析結果を示す．導通不良品からは，良品では検出されない塩素(Cl)とヨウ素(I)が検出された．そこで変色部で検出された元素，および端子を構成する元素の面分布分析を行った．その結果が図7.2.3である．分析領域上部の変色箇所に対応して，酸素，ヨウ素，塩素，ニッケルが多く分布しており，変色はこれらから構成される化合物で，おそらくはニッケルの腐食生成物が変色の要因であると考えられた．一方，使用者に対して使用環境に関する聞き取り調査を実施したところ，治療の際に用いられている消毒液の中に塩素およびヨウ素が含まれていることがわかった．

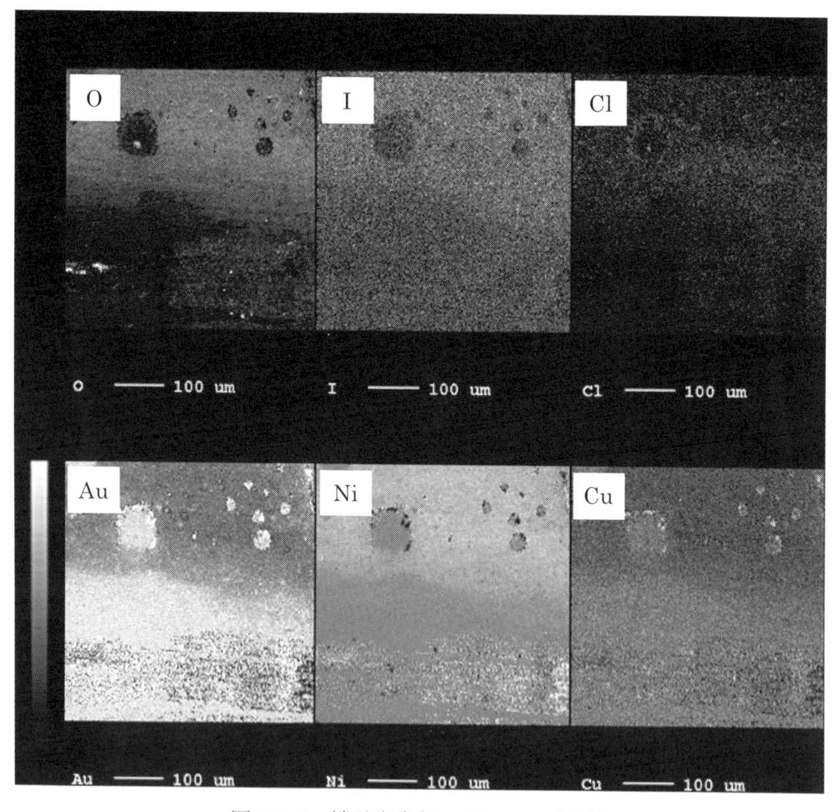

図7.2.3　端子腐食部のEPMA面分析

以上のことから総合的に判断すると，治療室で使用している消毒液が製品コネクタ端子に付着し，下地のニッケルを腐食させ，金めっきの上に腐食生成物が成長したことが導通不良の故障要因であると推察された．

この故障解析の結果をもとに，依頼者側では故障への対策として，当該機器を極端に治療台に近づけないよう使用法を変更し，コネクタ端子が環境中に露出しないよう防滴処理を施したカバーをつけたところ，今回と同様の不具合は発生しなくなり問題は解決した．

7.2.4　プリント基板めっき部の斑点状変色

リフロー工程後，プリント基板めっき部に斑点状の変色が発生したとの相談を受けた．めっき部は銅の表面にニッケルめっき，金めっきを施したものである．原因として腐食かフラックスの残渣等が予想されていたが，変色箇所のSEM観察を行ったところ，図7.2.4に示すような形状をしていることから，何らかの異物が融けた状態で付着していることがわかった．そこでFE-EPMAを用いて変色箇所の定性分析を行ったところ，図7.2.5に示すように，製品に含有していない鉛(Pb)とスズ(Sn)が検出された．さらに変色箇所を含む製品表面の面分析を行った結果を図7.2.6に示す．斑点状の変色

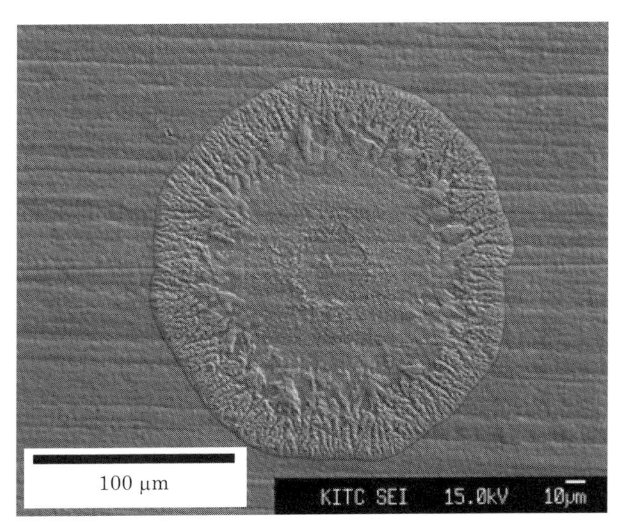

図7.2.4　プリント基板めっき部の変色箇所（SEM像）

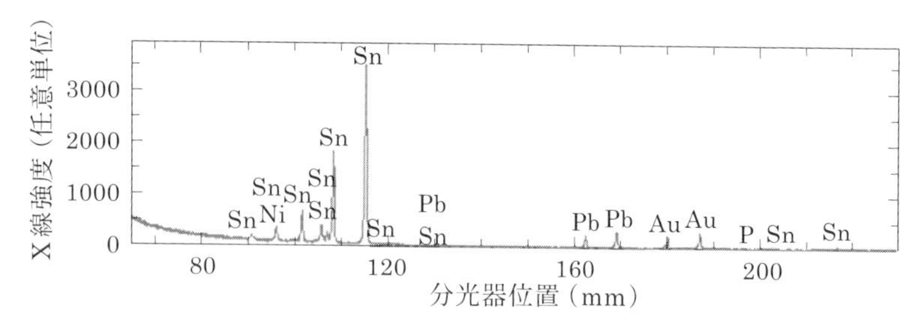

図 7.2.5 変色箇所の EPMA 定性分析

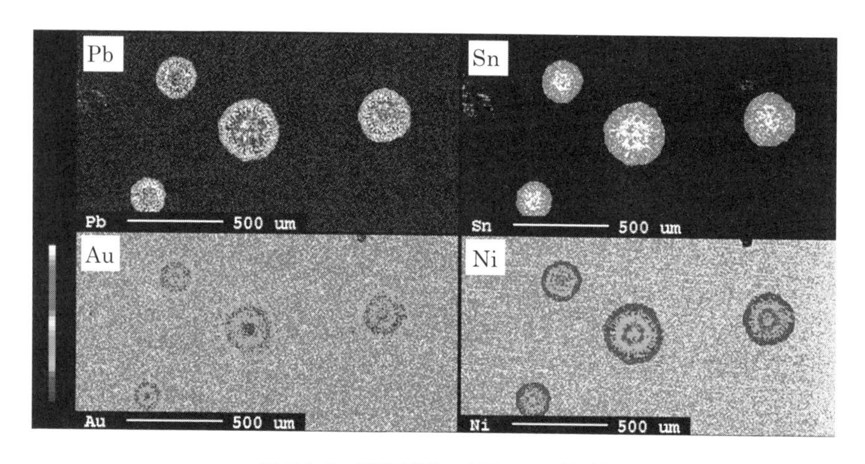

図 7.2.6 変色箇所の EPMA 面分析

箇所に対応するように鉛とスズが分布し，金やニッケルの上に付着していることがわかった.

この結果を受け，製造作業者に製造環境についてヒアリングを行ったところ，製品は鉛フリーのハンダボールを使用しているラインで製造されていたが，工場内には鉛ハンダを使用しているラインも設置されており，作業台を一部共有していることが判明した.

以上のことから，鉛入りのハンダボールが作業台で製品に付着し，リフロー炉で融け広がったことにより不具合が発生したと推察された．この故障解析結果から不具合対策として，依頼者側で作業台の清掃を徹底することを実施し，問題は解決した.

7.2.5 ITO を使った透明導電膜の導電不良

μXPS は X 線を照射して分析を行うため，FE-EPMA では対応できない絶縁物の分析や，表面から数 nm という薄い部分のみの分析が可能である．このような μXPS の特性を生かした故障解析事例を示す．

ITO を使った透明導電膜に接触抵抗が大きいものがあるとの相談を受けた．透明導電膜は，透明な PET シートの上に SiO_2 中間層を十数 nm 成膜し，その上に十数 nm 程度の厚みの ITO を成膜して作られている．この事例の故障要因としては，ITO の島状分布や ITO 膜自体の導電不良が考えられ，故障要因を特定するためには絶縁物上の nm 程度の薄膜の元素分析を行う必要があった．そこで，μXPS を用いて故障解析を実施した．導電不良品に対しアルゴンイオンによるスパッタエッチングを用いた元素の深さ方向分析を行った結果を図 7.2.7 に示す．スパッタ時間 1 分が SiO_2 換算で約 1 nm の深さに対応する．分析領域は十数 μmϕ 程度の範囲である．最表面には炭素が非常に薄く付着しているが PET に由来するものではなかった．また，中間層の Si も最表面に検出されなかったことから，透明導電膜の表面には ITO 膜が均等に分布しており，島状分布になっているとは考えられないことがわかった．

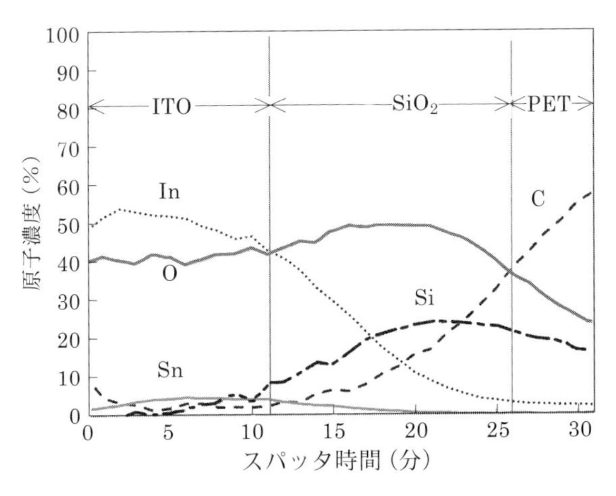

図 7.2.7　導通不良品透明導電膜の深さ方向分析

次に最表面のスズ(Sn)とインジウム(In)と酸素(O)の存在比を比較してみた．図 7.2.8 は表面約 5 nm までのスズ濃度を良品と導通不良品で比較したグラフである．導通不良品の表面は良品に比べスズの含有率が低いことがわかった．ITO はスズ含有率が 5～10％程度のものが最も低抵抗であるといわれており，この故障の主要因は ITO 表面のスズの不足である可能性が高いことが特定できた．依頼者側ではこの分析による故障解析を基に工程改善を行い，導通不良品の発生不具合を解決することができた．

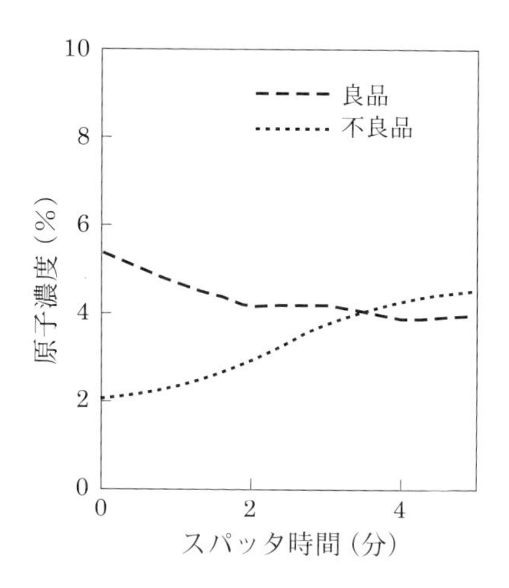

図 7.2.8　透明導電膜の極表面のスズ濃度の比較

機器分析は，実施すれば必ず何らかの分析結果を出すことができるため，安易に適用されがちだが，それが故障の要因解明に役立つとは必ずしも言えず，まして設計変更や工程改善などによる信頼性の向上に簡単につながるとは限らない．故障が生じた場合，とりあえず機器分析をやってみるというのではなく，一歩引いた視点で機器分析と故障要因との関係をよく考え，故障要因の特定から信頼性向上への手順を俯瞰して見ることが肝要であると思われる．当所には，多くのトラブルやその解決に関する過去の経験，知識の蓄積があり，ご相談の内容に合わせて故障解析を実施し，適切なアドバイスを提供している．

第8章

音・振動・非破壊検査技術

8.1 X線残留応力測定と非破壊検査技術

小島　隆，星川　潔

8.1.1　非破壊検査に関わる技術支援

非破壊検査については，それを必要としている企業と，一方では，自ら非破壊検査技術や非破壊検査装置を開発している企業がある．当所では，以下に述べるように，両者の技術支援を行っている．

当所が保有する非破壊検査装置は，X線CTスキャン装置，マイクロフォーカスX線テレビ装置，超音波映像装置およびAE探傷検査装置の4種である．非破壊による調査を必要とする企業にはこれらを用いて応えている．例えば，動作不良の部品について不良の原因を部品の外から調べたい，あるいは，試作した部品の接着面が完全であるか（未接着部がないか）検査したい，または，仕入れた部材にクラック等の欠陥がないか調べたい等の相談があった場合にこれらの装置が活躍している．

また，当所は様々な試験，分析装置を所有しており，非破壊検査技術や非破壊検査装置を研究・開発している企業には，これらを用いて検査対象のキャラクタリゼーションを手助けしている．たとえば，材料中の欠陥や介在物が非破壊検査の対象であれば，その寸法，形，分布状況，材質等の特徴を調べることが重要となるが，これらについて，供試材から観察用の断面試料を作成して顕微鏡，SEM，電子線マイクロアナライザ等で調査することが可能である．

さらに，当所では，電位差法や渦電流法などの電場計測を応用した非破壊検査の分野で，新しい検査技術の研究・開発を行っている．その成果は，学協会，地域の非破壊試験技術交流会および当所で開催するフォーラムでの口頭発表や，論文，特許出願などによって公表している他，それを使いたい企業への技術移転に努めている．技術移転したものの中には，非破壊検査装置として製品化・商品化されたものもある．

本節では，まず，金属材料のX線残留応力測定法について解説し，続いて，それを利用して開発した微粒子ショットピーニングによる励起残留応力の非破壊評価手法を紹介する．さらに，平織繊維強化C/Cコンポジット中の衝撃損傷，焼入れ深さについて，それぞれ電位差法を応用した新たな非破壊検査手法を研究・開発したのでそれらについて紹介する．

8.1.2　金属材料のX線残留応力測定

鉄鋼などの金属材料の多くは，数十μm程度の大きさの結晶が集まってできている．金属材料に力が加わると，結晶も力の方向に伸縮する．図8.1.1に示すようにX線回折を用いると，結晶の格子面間隔の変化をX線の回折角の変化として測定することができる．これを用いて残留応力の大きさを評

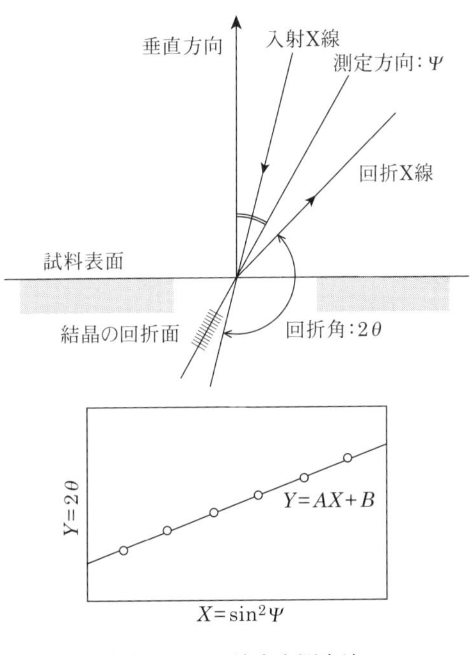

図8.1.1　X線応力測定法

価する方法がX線応力測定法である[1]．残留引張応力は，熱処理，塑性加工，機械加工，溶接など様々な加工工程で発生し，変形やき裂の発生原因となる．従来，X線残留応力測定はこれらのトラブル解析として実施され，加工条件の最適化につなげる例が多かった．最近では，耐摩耗特性や耐疲労特性の向上を目的として，浸炭，窒化，ショットピーニングなどにより残留圧縮応力を意図的に付与する事例が増えている．

X線応力測定に関する技術支援は，測定に関わる詳細な事前打ち合わせ(技術相談)を行うことから始める．ここでは主に材質，形状，測定法に関する知識，解決しようとする問題などの確認を行う．X線応力測定装置で測定できる回折角の範囲は，格子面間隔で1.17～1.27Åのせまい領域に限られる．したがって計測すべき回折ピークの位置については，依頼者からの材質に関する情報とJCPDSなどのデータベースを用いて，必ず事前に確認を行っている．試料の形状の確認は意外と重要で，X線管球や検出器が広範囲に動くため，特に測定位置の近くに突起物などがある試料では測定が困難な場合がある．

そしてこれらの確認を行った後に，測定する残留応力が，解決しようとする問題に対しどのように関係するのか(その測定が適切なのかを含む)，測定の結果何がわかるのか等の検討を行う．この作業を怠ると単に残留応力の数値が得られただけという結果になる．

当所には県内外の企業から実に多種多様な測定試料が持ち込まれる．このため単一の種類の試料を測定している場合とは異なり，次の点に注意することが重要となる．

応力による回折角の変化は回折ピークの幅に比べ小さいので，様々な原因により回折ピークの形状が歪むとX線応力測定に影響が生じる．これらの因子として結晶のサイズ(粗大化，巨大結晶)，結晶の配向(集合組織)，表面状態(有向性加工，応力勾配，表面粗さ)等がある[1]．集合組織は冷間圧延や引抜，絞り加工等で容易に発生するし，アルミニウムなどの析出硬化型の合金の場合には，強い加工を施した表面の変質層以外では結晶が粗大化していることが多い．そこで当所での残留応力評価の際には，入射角のステップを細かくして測定することにより，これらの因子の影響の有無や強い影響を及ぼしている因子を特定できるようにしている．

8.1.3　微粒子ショットピーニングによる励起残留応力

第3章で紹介した微粒子ショットピーニングは，通常のショットピーニングに比べ，被加工物表面のより浅い領域（～数十μm）に，より大きな残留圧縮応力を誘起できる表面処理法である．

この処理が所定通りの残留圧縮応力を誘起できたかどうかを検査することは，生産現場において製品の信頼性を高める上で重要である．図8.1.2では，電解研磨で表面を逐次除去しながら，X線応力測定により残留応力の深さ分布を調べた結果である．しかし，この方法は正確な応力値がわかるが，試料の破壊をともない，かつ非常に手間のかかる方法である．このため生産現場では，より簡単な検査方法が必要とされていた．

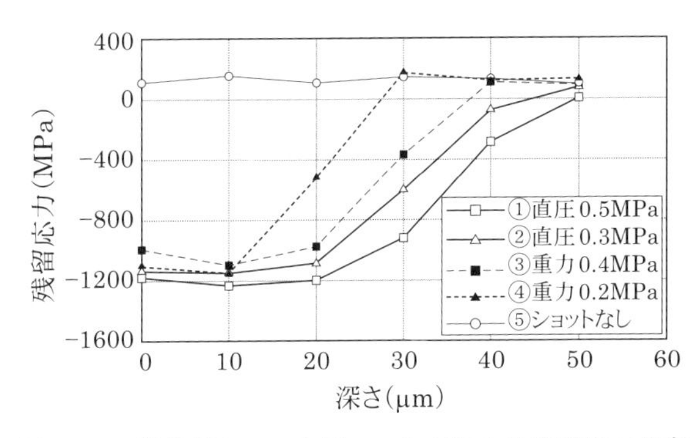

図8.1.2　微粒子ショットピーニングによる残留応力分布

上述の課題を解決するため，渦電流法を用いて残留圧縮応力を非破壊的に評価する手法の研究[2)]を行った．この方法は，表面変質層の電磁気的特性の変化を捉え，残留応力を簡易的に推定するもので，測定装置の開発を中小企業と共同で行った．

はじめに，ある深さで電磁気的特性が異なる2層モデル（図8.1.3）を用いて，渦電流を発生させたときのインピーダンスの周波数特性と上記の深さとの関係を数値計算により明らかにした．続いて，微粒子の投射方式と投射圧力を変えて残留応力の分布の異なる試料を作製し，試作の測定装置を用いて残留応力の生じている深さと上記インピーダンスの周波数特性との関係を検証した．

この結果から，事前にX線応力測定を用いて同一の材質の別試料に対して調べた応力の深さ分布とインピーダンス特性との関係を用いることにより，微粒子ショットピーニングにより残留応力が適切に誘起されたかを非破壊評価できることがわかった．

こうして得られた結果を基に，図 8.1.4 に示すような非破壊評価装置の開発支援に結びつけることができた．

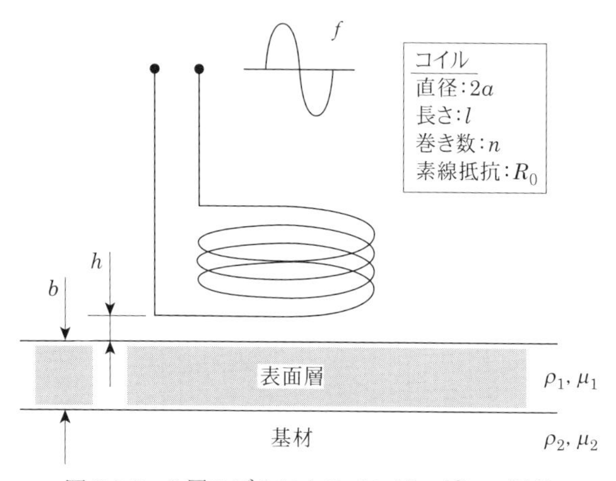

図 8.1.3　2 層モデルによるインピーダンス解析

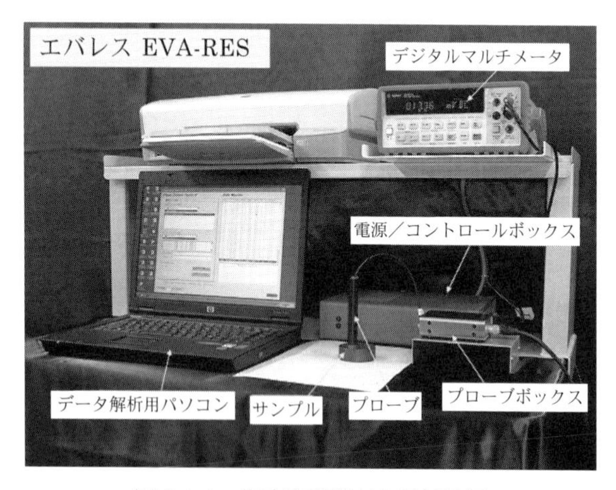

図 8.1.4　非破壊残留応力評価装置

8.1.4 C/C コンポジットに生じる衝撃損傷とその非破壊検査

炭素繊維強化炭素複合材料（以下，C/C コンポジット）は多くの優れた特性を有する先端複合材料である．特に高温強度と比強度が卓越しているほか，耐摩耗性，熱伝導性，化学的安定性等に優れており，工業材料としての利用が有望視されている．しかし，汎用型の C/C コンポジットである平織り繊維強化 C/C コンポジット積層板等では，物体の衝突により衝撃損傷が生じやすく，さらに，その損傷により，圧縮や曲げ強度ならびに曲げ疲労強度が著しく低下する[3, 4]．また，衝撃損傷は，主に内部に生じ，積層板表面からではその広がりを把握するのは不可能である．このような材料の利用にあたっては，損傷を非破壊検査する技術の開発が重要である．そこで，平織り繊維強化 C/C コンポジット積層板に錘を落として衝撃損傷を作り，これを電位差法で非破壊検査する方法を検討した．

図 8.1.5 は衝撃損傷の生じた積層板の断面を SEM で観察し，損傷の分布

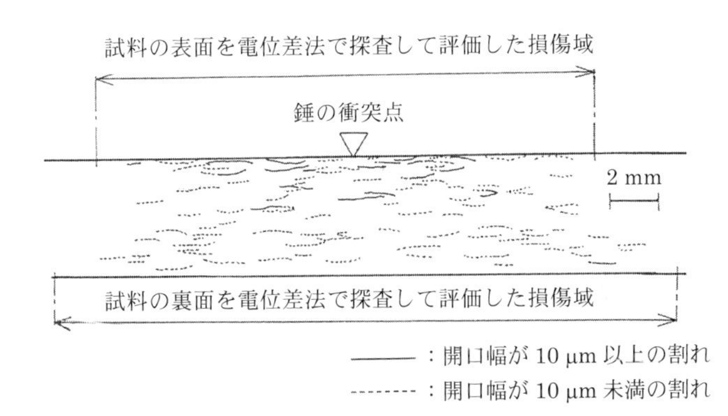

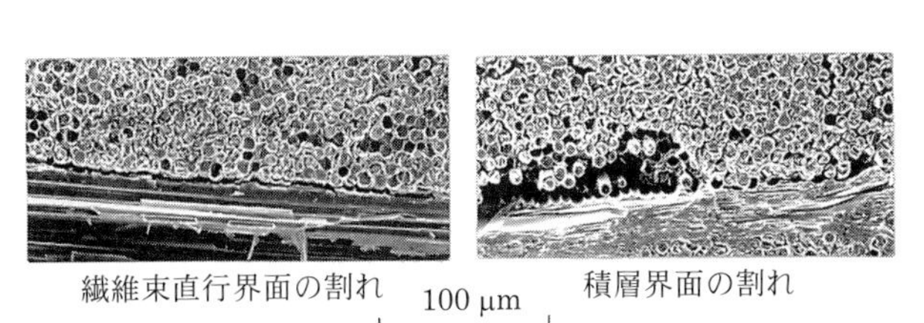

図 8.1.5　平織り繊維強化 C/C コンポジット積層板に生じた衝撃損傷[3]

をスケッチしたものである．観察の結果，主な損傷は繊維束直行界面および積層間に生じた割れであることがわかった．C/C コンポジットは低いながらも導電性がある．これら，積層板にほぼ平行な割れは，積層板に垂直方向の電位抵抗率を増加させることが考えられたので，この方向の抵抗率の変化に対して感度が高い，4 探針プローブを用いる直流電流の電位差法 (EPD technique) を応用してその探傷を試みた．

図 8.1.6 は，試作した 4 探針プローブスキャナーで衝撃損傷が生じた積層板表面を走査し，電位差測定を実施している様子である．その結果をマッピングすると損傷の広がりのイメージを得ることができた (図 8.1.7)．衝撃損傷は板面方向にほぼ円形状に広がっていた．

さらに，損傷の広がりと走査線に沿って測定される電位差のプロファイルの関係を有限要素による数値シミュレーションで解析し，電位差のプロファイルから損傷の広がりを定量評価する手法を開発した．その手法を用いて損傷の広がりを非破壊評価した結果は，図 8.1.5 の結果とよく一致することが確認できた．

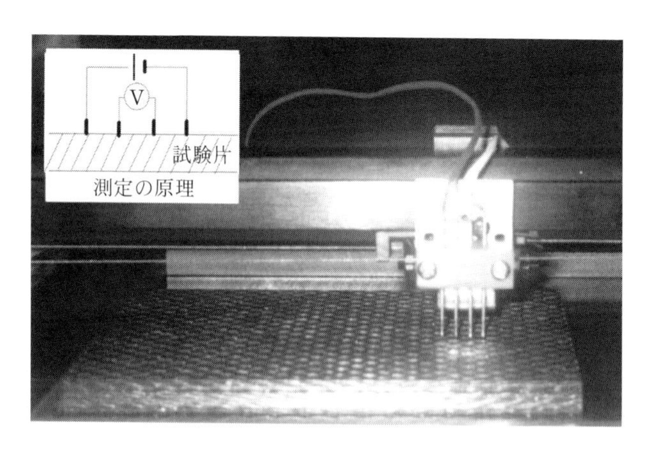

図 8.1.6　4 探針プローブスキャナーと測定原理

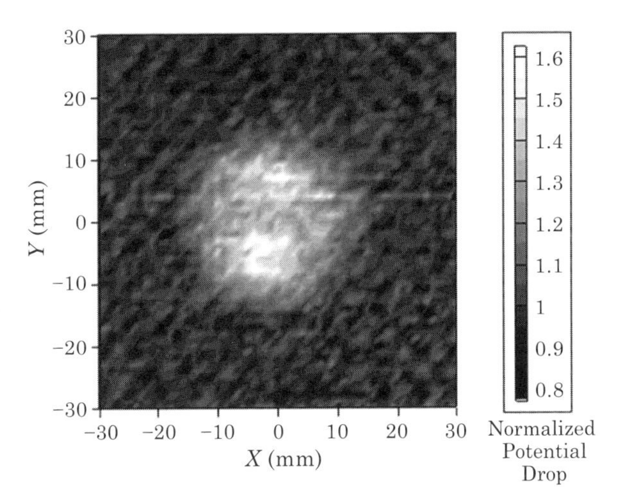

図 8.1.7　4 探針電位差法で描かれた平織り繊維強化 C/C コンポジット積層板の衝撃損傷域

8.1.5　焼入れ深さの非破壊評価装置の開発

鋼製部品の耐摩耗性や疲労特性を向上させることを目的に，高周波焼入れ，浸炭焼入れ，窒化等による表面硬化が実施されているが，そこでは，硬化層の深さが部品の特性を支配することになるので，その作業後に所定の深さか否かの検査が非常に重要となる．現状では，これを抜き取り検査によって確認している．抜き取り検査では，部品を切断し，切断面でビッカース硬度計等を用いて硬さ分布を測定し，その結果から硬化層深さを評価するので多くの時間と労力を要する．したがって，これを簡易に非破壊評価する方法ならびに装置の開発が望まれている．そこで，直流電位差法を応用した非破壊評価装置，「焼入れ深度計」の開発を行った．

鋼は焼入れによって硬くなると同時に電気抵抗率がわずかに上昇する．たとえば，典型的な焼入れ鋼では，1.2～1.4 倍程度になる．したがって，ここに直流電位差法を適用すれば，焼入れ硬化層の深さに応じた電位差が測定できる．

当所で提案した 6 探針電位差法の原理を図 8.1.8 に示す．高周波焼入れし

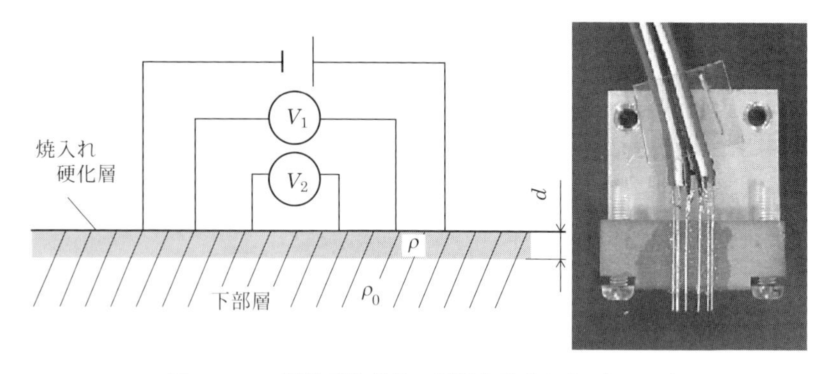

図 8.1.8　6 探針電位差法の原理と試作したプローブ

た鋼材を表面硬化層とその下部層の 2 層に単純化して考える．この表面に 6 本の探針を当てて測定される電位差 V_1，V_2 は，探針間隔，硬化層の深さ d，硬化層の抵抗率 ρ，下部層（＝焼入れ前の鋼材）の抵抗率 ρ_0 によって決まる．そこで，探針間隔が与えられ，電位差を測定し，また，焼入れ前の鋼材の抵抗率を予め知ることができれば，未知量は d と ρ の 2 つになり，これらは電位差 V_1，V_2 を表す連立方程式を解いて逆に求めることができる．

d と ρ の逆解析では，電位差の測定誤差が解析結果に拡大して伝わるが，その誤差伝播特性は硬化層の深さと探針間隔に左右されるので，装置の開発においては最適なプローブ間隔の設計が重要となる．そこで，数値シミュレーションを実施して誤差伝播特性を分析し，最適な探針間隔の設計方法を確立した[5)]．

これらの成果を企業に技術移転し，その結果，「焼入れ深度計」として製品化するに至った．その 1 号機を図 8.1.9 に示す．本装置は，深さ 1～5 mm の焼入れ深さを± 0.5 mm の精度で評価できる．

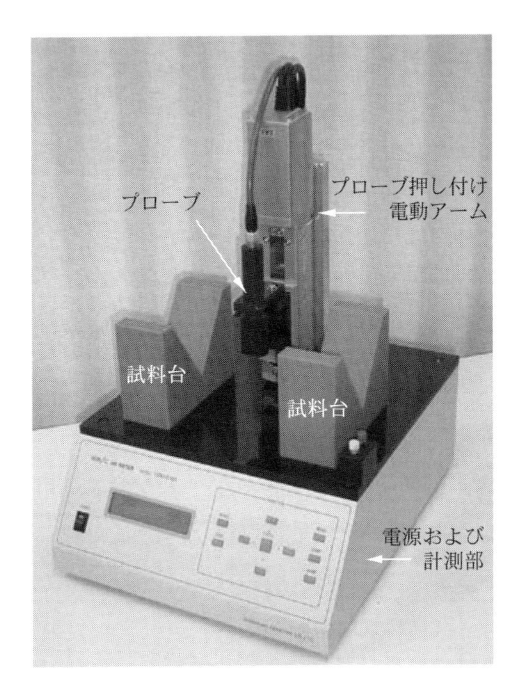

図 8.1.9　焼入れ深度計の 1 号機

参考文献

1) 日本材料学会 X 線材料強度部門委員会：X 線応力測定法標準, (2002).

2) 小島 隆：非破壊検査, **59** No.5 (2010), 214.

3) 小島 隆：非破壊検査, **50** No.3 (2001), 170.

4) T. Kojima: Pro.6th Far-East Confer. Nondestructive Testing, (2002), 529.

5) 小島 隆, 赤松里志, 岩田成弘：非破壊検査, **55** No.11 (2006), 558.

8.2 制振材料，吸音材料とその評価

藤谷　明倫，小島　真路

8.2.1 音・振動に関する技術支援

家電や産業機械をはじめ様々な機器に対して，音・振動環境に対する要求は従来に増して高まっている．不要な振動は，機器の故障を引き起こすだけでなく，不快な音として空気中に放射される．その対策には各種の音響材料が使用されている．たとえば，樹脂やゴムなどをベースにして作られた制振材料，また，グラスウールなどの吸音材料がある．最近，本来制振材料や吸音材料として用いられていない材料に対しても，振動減衰効果・吸音効果を求めることが多くなってきた．経験の少ない企業では，これらの評価・試験に初めて取り組む場合も少なくない．当所では，振動減衰特性試験装置や垂直入射吸音率測定装置を用いて，様々な事例に対応している．

8.2.2 材料の振動減衰特性の評価

固体表面から放射される音や振動が問題となっている場合，まずはその振動を減衰させればよい．その際に利用できるのが，制振材料である．これは振動エネルギーを吸収し，熱に変えて散逸させる性能の大きい材料である．制振材料には図 8.2.1 に示す樹脂膜を挟んだ制振鋼板や合金系のものまで様々なものがある．

振動減衰特性を表す指標として，損失係数が良く知られている．損失係数は，試験対象に振動を加えて共振させ，その応答を測定して算出される．この方法は JIS で規格化されており，代表的なものとしては，「JIS G 0602 制振鋼板の振動減衰特性試験方法」がある．JIS では，加振方法として，電磁

加振器を用いた定常加振法，ハンマを用いた打撃加振法が挙げられており，当所ではどちらの方法でも試験が可能である．制振鋼板のような樹脂膜を挟んだ材料は，温度依存性を持つことが多いため，恒温槽内での定常加振法を用いる．図 8.2.2 は中央支持定常加振法の装置構成図である．試験片は通常 10 mm × 250 mm 程度の短冊状のものを用いる．インピーダンスヘッドの

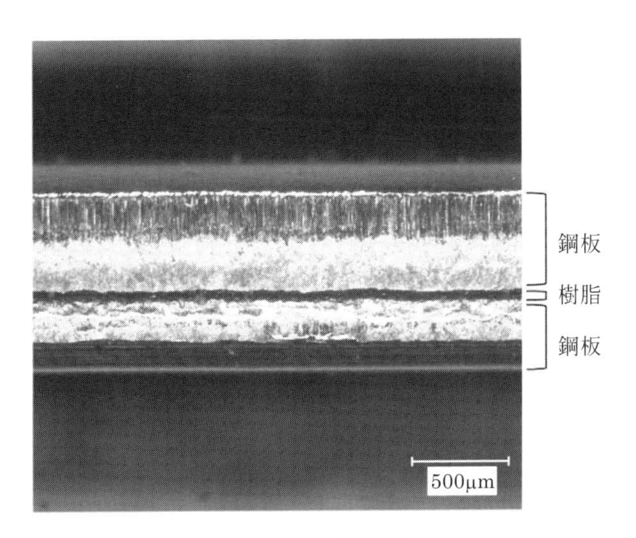

図 8.2.1　制振鋼板

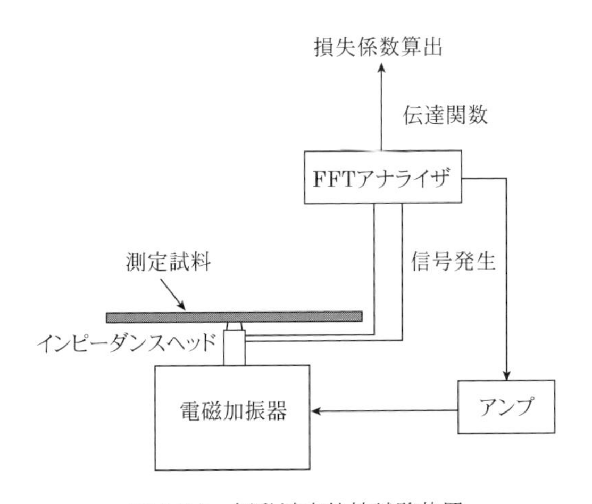

図 8.2.2　振動減衰特性試験装置

信号から伝達関数を求め，共振ピークにおいて半値幅法により損失係数を算出する．本試験方法は共振法であるため，共振周波数をもとに材料の動的ヤング率を求めることも可能である．

8.2.3　材料の吸音特性の評価

放射された音を減少させたい場合，吸音材料の使用が有効である場合が多い．音のエネルギーを吸収することにより，結果として反射音を少なくすることができる．吸音材料にも様々な種類があるが，図 8.2.3 に示すようなウレタンフォームやグラスウールに代表される多孔質材が有名である．

吸音特性を評価する場合は，吸音率を用いる．これは入射される音のエネルギーに対する，吸収される音のエネルギーの割合である．吸音率の測定では「JIS A 1409 残響室法吸音率の測定方法」が一般的である．この方法では，ランダム入射吸音率を測定することができるが，残響室を利用する必要があり，試験サンプルが大きいことから，簡単な測定には不向きである．一方，「JIS A 1405 音響管による吸音率及びインピーダンスの測定」は，垂直入射に限定しているものの，測定試料が小さく利用しやすい．特に伝達関数法は非常に測定がシンプルである．

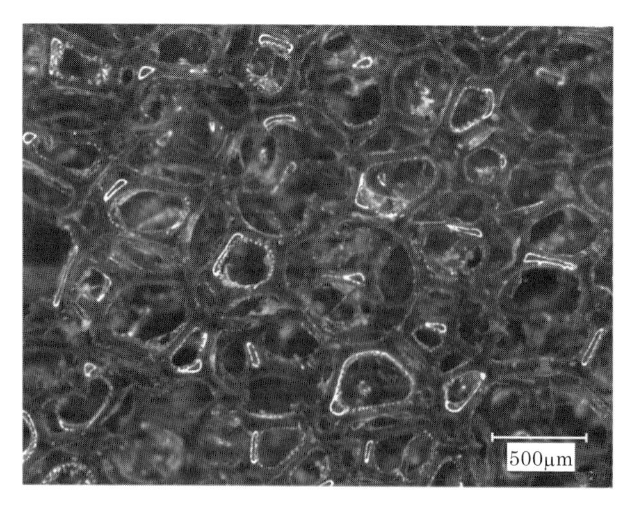

図 8.2.3　ウレタンフォーム

図8.2.4は当所で保有する垂直入射吸音率測定装置の構成図である．スピーカーからランダムノイズを出してマイクロホンで測定する．50～1600 Hzの低周波の場合は直径100 mm，500～6400 Hzの高周波の場合は直径29 mmの試験サンプルを用いる．

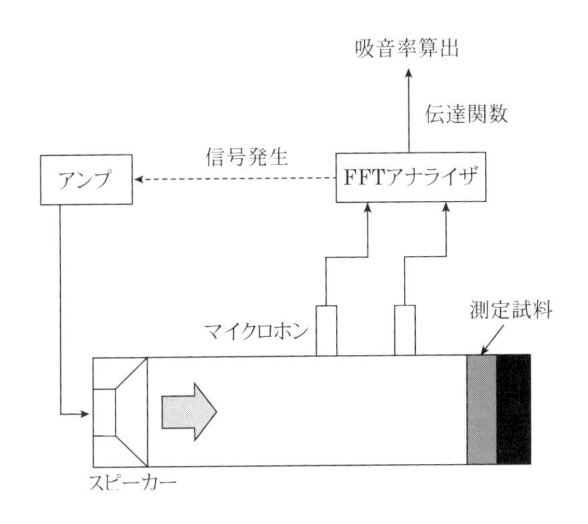

図 8.2.4　垂直入射吸音率測定装置

8.2.4　機器の低騒音・低振動化への取り組み

当所では，企業から寄せられる様々な課題に取り組んでいる．近年では，家電や産業機械をはじめ様々な機器に対して静粛性が求められており，低騒音・低振動性が製品価値を決定する要素の1つとなっている．

騒音対策では，まず，騒音の発生原因の究明をしたうえで，音波や振動の減衰および伝搬低減特性など，すでにわかっている騒音防止技術の適用を図ることが重要となる[1)]．当所では，音響インテンシティ測定による音源探査，実験モード解析による振動特性解析，FFTやトラッキング解析による周波数特性解析等を組み合わせることで騒音の発生原因の究明を行っている．

また，この防止技術に関しては，先に述べた振動減衰特性試験や吸音特性試験から得られる基礎データを踏まえ，音の伝搬低減については吸音処理を，また，物体の振動低減については制振処理を行うなどして，低騒音・低振動の実現を図っている．これまでに騒音対策として取り組んだ事例としては，在宅医療機器や，家庭用換気扇の異音解析および低騒音化などがある．さらにゴルフクラブの振動解析，粉体用容器の落下衝撃の評価，幼稚園舎の室内音響特性の改善など，音・振動に関して幅広い取り組みをしてきた．当所では今後も音･振動に関して，製品開発やトラブルシューティングなどの際に，各種支援技術で対応して行く．

参考文献

1) 中野有朋：低騒音化技術, 技術書院, (1993).

8.3 機械システムに潜む非線形振動現象とその見える化技術

伊東　圭昌

機械が動くと振動が発生する．振動の発生源は，モータなど動力源，構造体，さらには接合部位における摩擦・摩耗などいたるところに存在する．機械に発生する振動は，その機械から生産される部品・製品の品質低下や不良発生の原因となるだけでなく，機械そのものの短寿命化，故障，さらには不慮の事故の原因となる．したがって，古くから，さまざまな手法・技術により振動・騒音に対する対策が施されてきた．近年，CAE（Computer Aided Engineering）技術の向上に伴い，機械システムの部材は限りなく軽量薄肉化がはかられている．その結果，これまではさほど問題視されていなかった弾性域における部材の伸びなどが原因となる非線形振動が発生しやすくなっている．このような振動は，多くの機械システムに潜んでいると言っても過言ではない．

本節では，機械システムに潜む非線形振動現象とその見える化技術について紹介する．最初に，ある機械システムに生じる振動について，現象の本質を把握できる最も単純な要素モデルを用いて，非線形振動の発生メカニズムを理論的に解説するともに，実験で実証した事例を紹介する．次に，時間-周波数分析手法を用いた非線形振動の見える化技術を紹介する．

8.3.1　機械システムに起こりうる非線形振動

金属の機械的特性の１つとして，引張試験より求まる応力-ひずみ図がよく知られている．変形量が小さいときは応力とひずみの関係は線形だが，大変形を伴う塑性域では，応力とひずみの関係が非線形となる．たとえ線形弾性の範囲内であっても，金属材料の伸びが原因となって非線形振動が発生することがある．一般に，機械システムに発生する非線形振動は，非常に複雑な現象であるため，理論的にすべてを説明できることは稀である．

ここでは，一例として，静電気を利用した機械システムに発生する非線形振動現象を紹介する．図 8.3.1 は，包装用ポリエステルフィルムの製造過程で用いられるフィルム急冷成膜装置 [1,2] である．口金から押し出された溶融フィルムは，冷却ロールとコロナワイヤとの間に発生する一様な静電気力により，冷却ロールに密着し冷却されることで，均一な厚みへと成膜される．このとき，直流高電圧の印加によりコロナワイヤの自励振動が起きることがある．自励振動とは，振動を持続させるための周期的な外力が存在しないにもかかわらず発生する振動である．しかしながら，コロナワイヤの振動発生メカニズムは，現在に至るまで解明されていない．

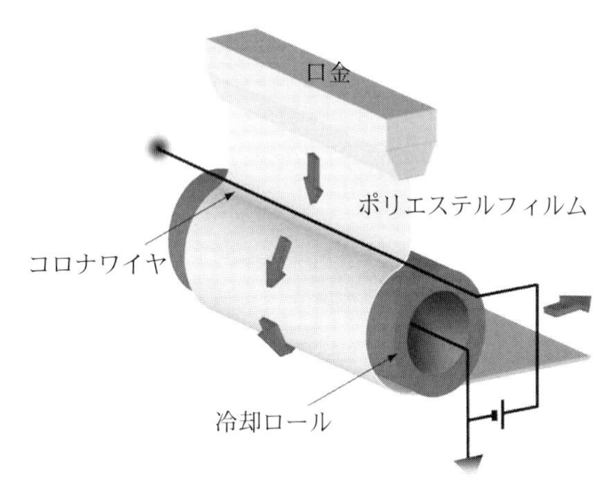

図 8.3.1　フィルム急冷成膜装置 [1,2]

この原因を探るために，図 8.3.2 に示すような線電極と平板電極からなる単純なモデルを用いて非線形振動の解析を行った．図に示すように，弦とみなせる線電極を静止状態において初期張力 T で平板電極に水平に設置する．電極間距離 H は線電極の長さ L に比べて十分に小さいものとする．線電極の位置 z における x，y 方向の変位をそれぞれ $u\ (z, t)$，$v\ (z, t)$ とする．線電極と平板電極の間には，交流高電圧が印加されており，線電極の電位を

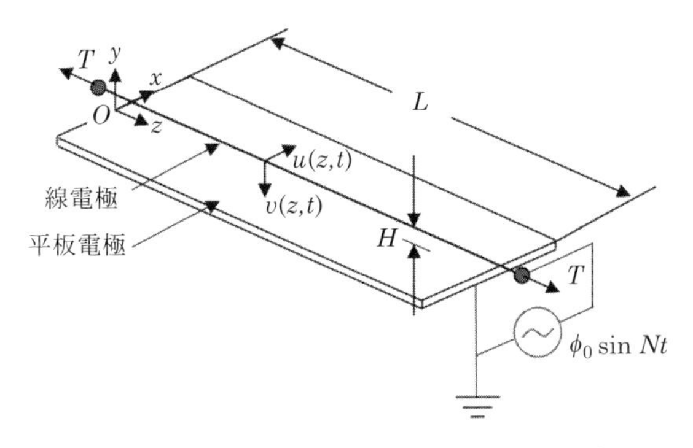

図 8.3.2　フィルム急冷成膜装置の電極系モデル [1)]

$\phi_0 \sin Nt$ (N は交流周波数)，平板電極の電位を零とする．

このとき線電極の水平方向および鉛直方向の運動方程式は，

$$\frac{\partial^2 u}{\partial t^2} + 2\mu \frac{\partial u}{\partial t} - c^2(t)\frac{\partial^2 u}{\partial z^2} = 0 \tag{1}$$

$$\frac{\partial^2 v}{\partial t^2} + 2\mu \frac{\partial v}{\partial t} - c^2(t)\frac{\partial^2 v}{\partial z^2} = f \sin \Omega t \tag{2}$$

なる偏微分方程式であらわされる．式 (1), (2) の左辺第 1 項は線電極の慣性力，第 2 項は減衰力，第 3 項は復元力であり，式 (2) の右辺は静電気力をあらわす．μ は減衰係数，f および Ω は線電極に作用する静電気力の大きさとその振動数に相当するものである [1)]．なお，$\Omega = 2N$ の関係がある．また，$c^2(t)$ は線電極に作用する張力に相当する係数であり，

$$c^2(t) = 1 + \frac{1}{2}\gamma \int_0^1 \left[\left(\frac{\partial u}{\partial z} \right)^2 + \left(\frac{\partial v}{\partial z} \right)^2 \right] dz \tag{3}$$

である. 式 (3) の右辺第 2 項が線電極の伸びに相当する項で, γ は係数である. 線電極の伸びが無視できる場合には，$c^2(t) = 1$ となり，機械力学などでよく知られる弦の運動方程式となる．

したがって，線電極の伸びが無視できる場合には，式 (1), (2) より，静電気力が作用する鉛直方向 v にのみ線電極は振動する．ところが，線電極の伸

びを考慮に入れる場合には，式(1)の左辺第3項にvとの相互作用があらわれ，静電気力が作用しない水平方向uにも振動が発生することが予測される[1)]．

8.3.2 非線形振動の実験による観察

図8.3.2のモデルにおいて理論的に予測される非線形振動現象を，実際に実験により検証した．実験は，長さ$L = 0.85$ mの線電極を$T = 4.4$ N，$H = 15$ mmで設置し，線電極の電位$\phi_0 = 3.1$ kVで静電気力の振動数Ωを変化させた．振動数が69 Hzのとき，線電極の固有振動数と静電気力の振動数が一致し，線電極の振動が共振状態となり，非常に大きな振動が発生した．図8.3.3に，(x-y)平面における線電極スパン中央部の変位ξ，ζ（数値は，電極間の距離Hで基準化）を示す．左側は，静電気力の振動数Ωを共振振動数よりも低い状態から高い状態へとゆっくりと上昇させたときに観察された線電極の動きである．一方，右側は，逆に下降させた場合である．σは，共振振動数からのずれをあらわす指標であり，(a)～(c)はそれぞれ，68.4 Hz，70.1 Hz，73.3 Hzに対応する．図8.3.3(a)に示すように，静電気力の振動数が共振振動数より低い場合($\sigma < 0$)，線電極の振動は鉛直方

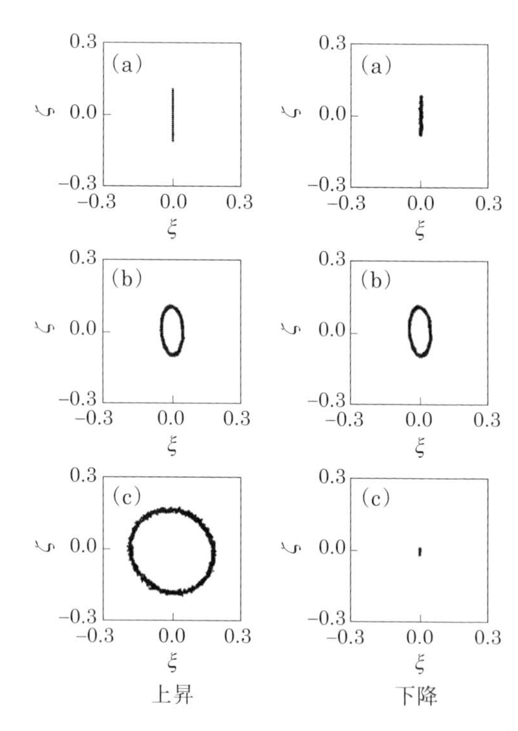

図8.3.3 (x-y)平面における線電極の運動の様子[1)]
(a) $\sigma = -18.2$，(b) $\sigma = 36.4$，(c) $\sigma = 136.6$

向ζのみが観察され，上下運動をする．静電気力の振動数が共振振動数よりわずかに高い(b)の場合，線電極の振動は鉛直方向ζだけでなく，水平方向ξも観察され，線電極は楕円運動をする．$\sigma > 0$の(c)では，上昇させる場合，線電極はさらに大きな円運動をするが，下降させる場合，線電極の振動は鉛直方向ζの上下運動がわずかに観察されるのみとなる．

図8.3.4は，静電気力の振動数Ωを変化させたときの線電極の振動振幅をまとめた図である．横軸σは，共振点からのずれをあらわし，$\sigma = 0$が共振点である．縦軸は，線電極の鉛直方向，水平方向の振幅ξ，ζをあらわす．図8.3.5に式(1)～(3)による理論解析結果を示す．実験結果と理論解析結果[1]とは良好な一致がみられる．このように，図8.3.2に示す単純な機械システムであっても非線形振動が潜んでいることを実感できる．

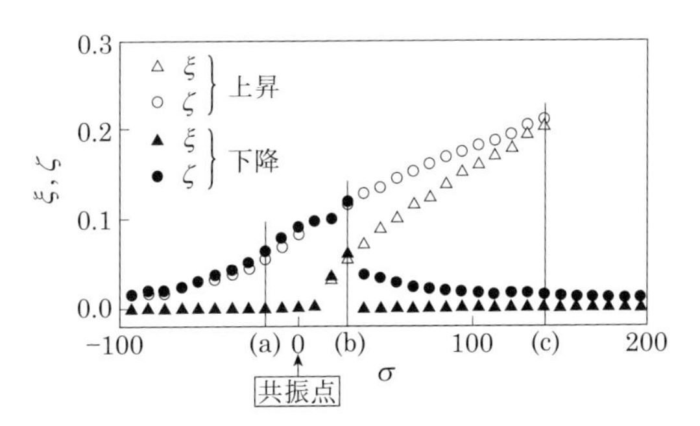

図8.3.4　線電極の振動振幅(実験結果)[1]

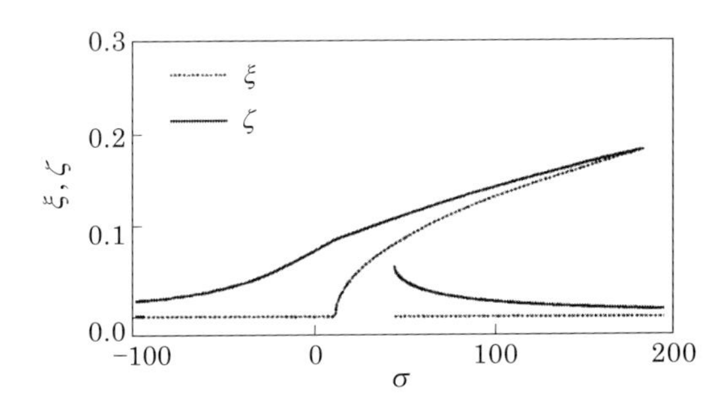

図8.3.5　線電極の振動振幅(理論解析結果)[1]

8.3.3　時間−周波数分析手法を用いた振動解析

機械システムに潜む非線形振動現象を理論的にあらかじめ把握することは容易ではない．当所では神奈川大学とともに，このような振動現象の見える化に向けて，デジタルフィルタによる時間−周波数分析手法を用いた振動解析技術に関する共同研究を実施してきた[3, 4]．

時間−周波数分析手法とは，時間軸と周波数軸で振幅を表現する手法である．図 8.3.6 に，解析過程を示す．最初に，連続時間信号 $x(t)$ に A/D 変換を施し，離散時間信号 $x(n\Delta T)$ へと変換する．次に，$x(n\Delta T)$ を，互いに通過域が異なる狭帯域の帯域フィルタ BPF_k(k = 1，2，…，K) で演算処理し，入力信号の周波数帯域における変化を全体的に求める．その結果，横軸を時間 t，縦軸を周波数帯域 f とした時間−周波数分析結果 $X(t, f)$ が求まる．図 8.3.6 に示す例は，正弦波を入力したときの時間−周波数分析結果である．

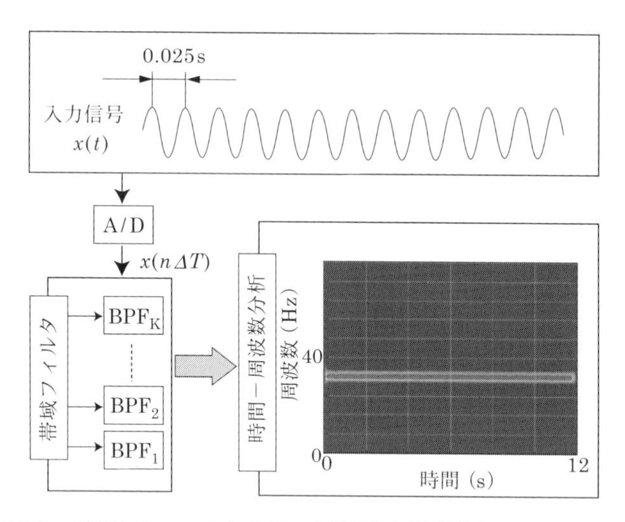

図 8.3.6　デジタルフィルタを用いた時間−周波数分析手法の演算過程

8.3.4　非線形振動現象の見える化

ここでは，分数調波共振[5] と呼ばれる非線形振動に特有な現象の見える化について紹介する．この現象は，たとえば式(2)に示す運動方程式において，外力の振動数Ωと固有振動数の間に1/3倍の関係があるときに発生することがある．特に，外力の振動数Ωが時間とともに変化する場合には，理論解析が極めて難しくなる．

図8.3.7(a)に，時間とともに振動数が変化する外力によって発生する分数調波共振の時間波形を示す．振動の開始直後には全体の振動が徐々に減少したのち，300～1500 sにおいて振動はほぼ一定である．そして，1500～2200 sにおいて振動が急激に増加したのちに減少し，その後，一定の振動となる．このように時間波形の観察からは，全体の様子は把握できるものの，「どの振動数がどの程度振動しているのか？」はわからない．それに対して，

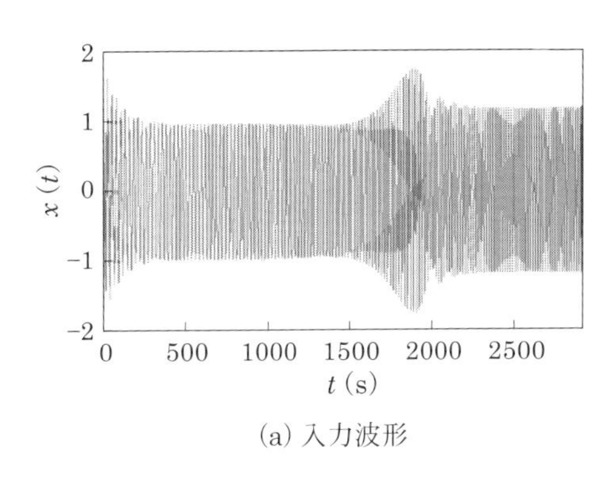

(a) 入力波形

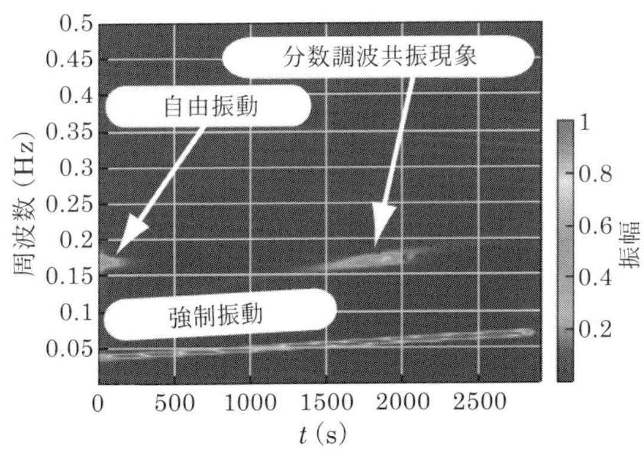

(b) 時間−周波数分析結果

図8.3.7　非線形振動現象の見える化(分数調波共振現象)[4)]

図 8.3.7 (b) に示す時間–周波数分析結果をみると，この振動は大きく 3 種類の振動から成り立っていることがわかる．すべての時間帯において観察される振動が，外力を受けて振動する強制振動であり，時間の経過とともに振動数が徐々に上昇する．振動の開始直後 (～ 300 s) にあらわれる振動は，固有振動数 0.17 Hz で振動する自由振動である．自由振動そのものは，時間の経過とともに徐々に減衰する．その結果として，300～1500 s において振動がほぼ一定となる．その後，1500～2200 s において，振動数 0.17 Hz 付近に急激に振動があらわれる．この振動が線形解析では予測できない分数調波共振と呼ばれる非線形振動特有の現象である．そして，2200 s 以降では，強制振動のみとなり，以後，一定の振動となる．このように時間–周波数分析では，それぞれの振動の意味合いを把握することが可能となる．

機械システムに潜む非線形振動を考慮に入れずに設計すると，機械の起動・停止をする際に，思いもよらない大きな振動を発生させてしまうことが危惧される．しかも，発生する振動数は振動計測などで見過ごされてしまう可能性もある．従来の理論的な解析手法では，このような過渡現象によって引き起こされる振動現象の全体像の見える化が必ずしも十分ではなかった．本書で紹介した時間–周波数分析手法を活用し，機械システムに潜む非線形振動現象の「見える化」により，振動・騒音の低減につなげて行きたい．

参考文献

1) 伊東圭昌，吉沢正紹，菅原 誠：日本機械学会論文集 (C 編), **60** (1994), 1502.
2) Y. Itoh, N. Ikejiri, T. Kumashiro and M. Yoshizawa: ASME 2005 International Design Engineering Technical Conference and Computers and Information in Engineering Conference, (2005), 1575.
3) 伊東圭昌，山口尚人，山崎 徹：日本機械学会 (C 編), **79** (2013), 1633.
4) Y. Itoh, T. Imazu, H. Nakamura and T. Yamazaki: Inter. Noise 2014, (2014), pdf, 361.
5) A. H. Nayfeh and D. T. Mook: Nonlinear Oscillations, Wiley Interscience Pub., (1978), p.485.

付　録

付録①：組織の沿革

1929年 4月	神奈川県工業試験場（神奈川県工業試験所の前身）設立
1933年 4月	織物指導所（神奈川県繊維工業指導所の前身）設立
1937年 3月	神奈川県工芸指導所設立
1945年	神奈川県工業試験場が戦災により全焼、廃止
1949年12月	神奈川県工業試験所設立
1967年 1月	神奈川県繊維工業指導所設立
1974年 4月	神奈川県家具指導センター設立
1995年 4月	工業試験所等4機関を統合し，海老名市に 神奈川県産業技術総合研究所として発足. また，小田原市に工芸技術センターを設置
1999年 6月	ISO14001規格審査登録
2001年 4月	所内組織の改編（11部から8部へ集約）
2005年 9月	文部科学省科学研究費補助金取扱研究機関に指定
2006年 4月	神奈川県産業技術センターに改称 併せて工芸技術センターを工芸技術所に改称
2006年 6月	ISO/IEC17025認証取得
2008年 4月	所内組織の改編（8部から6部へ集約）
2010年 4月	計量検定センターを産業技術センター計量検定所として再編設置
2017年 4月	（公財）神奈川科学技術アカデミー（KAST）と統合し， （地独）神奈川県立産業技術総合研究所設立

付録②：主要設備とその仕様

装置名	型　名	主な仕様・用途・特徴
走査電子顕微鏡(SEM)	日本電子㈱製 JSM-7800F Prime	高分解能観察が可能なフィールドエミッション型走査電子顕微鏡です．エネルギー分散型X線分光分析装置(EDS)と，電子線後方散乱回折図形測定装置(EBSD)を付属しています． 最高分解能：0.7 nm(加速電圧 15 kV)
微小部X線応力測定装置	㈱リガク製 AutoMATE Ⅱ	金属やセラミックスなどの結晶性材料のひずみを，X線回折を用いて測定することにより，表面の残留応力を評価します． 最小コリメータ径：150 μm／耐荷重：20 kg／位置分解能：0.1 μm
トライボ試験機	Bruker 社製 UMT-TriboLAB	金属・樹脂等各種材料の摩耗試験および摩擦係数測定を行います．ボールオンディスク型試験，ピンオンディスク型試験，油中ブロックオンリング型試験，薄膜の密着性評価試験およびスクラッチ試験が可能です． 押付荷重：1～2000 N／回転数：0.1～5000 rpm
微小部X線光電子分光分析装置(XPS)	アルバックファイ㈱製 VersaProbe Ⅱ	試料にX線を照射し，試料表面から放出される光電子のエネルギーを測定することにより，表面の組成ならびに化学結合状態に関する情報を得る装置です． 最小ビーム径：10 μm／エネルギー分解能：0.5 eV 以下
電子線マイクロアナライザ(FE-EPMA)	日本電子㈱製 JXA-8500F	試料に電子線を照射して発生するX線を計測することにより，金属，セラミックス，ガラス，樹脂などの試料表面の構成元素やその分布を分析する装置です． 分析条件最小プローブ径：40 nm (10 kV, 1×10^{-8}A)，100 nm (10 kV，1×10^{-7}A)／分析元素：B～U
レーザ加工機	TRUMPF 製 TruDisk3006	薄板の突合せ溶接，および粉体肉盛溶接を行うための精密自動溶接機です．レーザヘッドは6軸のロボットにより駆動され，粉末は同時に2系統供給できます．回転・傾斜テーブルにより，シャフト・パイプの肉盛溶接も可能です．
画像処理装置付き実体顕微鏡	カールツァイスマイクロスコピー㈱製 Axio Cam HRc (Rev3.0)／Stereo Discovery V20	2～200倍の比較的低倍率で試料を観察し，撮影画像をデジタルデータとして保存する装置です．

(続き)

装置名	型　名	主な仕様・用途・特徴
3次元座標測定機	カールツァイス製 UPMC850／ 1200CARAT	加工物や製品などの寸法・輪郭・形状の多点測定，およびスキャニング測定を行い，演算処理します．
光学式3次元座標測定機	カールツァイス製 O-INSPECT 442	加工物や製品などの寸法・輪郭・形状を，接触式センサ，画像センサ，ホワイトライトセンサの3つのセンサを切り替えて測定できます．接触式では測定できない，柔らかいもの，薄いもの，微細なものも測定可能です．
熱間加工再現試験装置	富士電波工機㈱製 サーメックマスター Z III 型	高周波加熱装置，油圧プレス，雰囲気制御装置を組み合わせた複合熱間加工試験機です．コンピューターにより温度条件，加工条件を高精度に制御することが可能です． 最大荷重：10 tonf／変形速度：0.001～500 mm/sec／最高加熱温度：1350 ℃／昇温冷却速度：最高 100 ℃/sec
熱処理再現試験装置	富士電波工機㈱製	種々の金属材料に対して，コンピューター制御により，様々な条件の熱処理を正確に再現することが可能な万能熱処理試験装置です． 加熱方式：高周波加熱，直接通電加熱 最大加熱温度：1350℃／昇温速度：最高100℃/sec／冷却速度：60℃/sec(He ガス)，200℃/sec 以上(水冷)
熱間静水圧加圧装置(HIP)	㈱神戸製鋼所製 O2-SYSTEM15X 型	金属やセラミックス粉末の加圧焼結，焼結品の残留空孔の除去，拡散接合，含浸による複合材料の製造などを行います． 最大 2000 ℃，2000 kgf/cm^2／推奨処理品寸法：φ 100 mm×200 mm／使用ガス：Ar または N_2
ホットプレス(加圧焼結装置)	ネムス㈱製 C60-10×10-CC23	金属やセラミックス粉末の焼結や異種金属の拡散接合を行います．真空雰囲気炉としても使用可能です． 最高使用温度：2000℃／最大荷重：23 tonf／真空度：10^{-3} Pa／雰囲気：Ar または N_2／有効試料寸法：φ 200 mm×200 mm
万能試験機	インストロン製 モデル 5582	各種材料または部品等の静的強度試験に使用します． 最大容量：100 kN／クロスヘッド・スピード：0.001～500 mm/min
疲労試験機	㈱島津製作所製 EHF-UG200KN／ JG100KN-4	大型の製品，部品，材料の疲労試験および荷重試験に使用します． 最大荷重：200 kN／最大変位：±100 mm

(続き)

装置名	型　名	主な仕様・用途・特徴
振動試験システム	IMV㈱製 i250／SA5M	振動や衝撃を発生する装置です．正弦波やランダム波，ショック波を発生することができます．使用環境や輸送等を想定したさまざまな振動や衝撃を加えることができます．
X線CTスキャン装置	㈱ユニハイトシステム製 XVA-160	新素材・電子基板・電子部品・ろう付部などについて，X線による断層撮影を行います． 直行および斜めCT機能搭載／最大管電圧：160 kV／焦点寸法：1 μm(高詳細 0.4 μm)
マイクロフォーカスX線テレビ装置	㈱島津製作所製 SMX-160ET	様々な機械部品・電子基板・電子部品等のサンプルにX線を照射し，そのX線透過像から内部の構造や欠陥を観察する装置です． X線源の焦点寸法：1 μm／観察可能な最大サンプルサイズ：幅470×奥行420×高さ100 mm，重量は5 kgまで
ゼータ電位・粒径分布測定システム	大塚電子㈱製 ELSZ-2	レーザードップラー法によるゼータ電位測定と，動的光散乱(DLS)法による湿式粒径分布測定を，1台で行える装置です． 粒子径範囲：0.6 nm～7 μm／温度：10～90 ℃／対応濃度：0.001～40 %
ナノ粒子作製装置(ガス中蒸発法)	真空冶金㈱製	不活性ガス中で原料金属を加熱・蒸発させることにより，金属ナノ粒子を作製することができます．酸素含有ガスを使用すれば，酸化物ナノ粒子の作製も可能です． 高周波誘導加熱式(高周波出力約10 kW)／アーク加熱式(アーク加熱電源DC24 V×300 A)
簡易半無響室	㈱小野測器製	騒音レベル測定，オクターブ分析，周波数分析，音響パワーレベル測定，音響インテンシティ測定等を行うことができます． 有効寸法：4300(W)×3500(D)×2500(H) mm／暗騒音レベル：21.4 dB
立形マシニングセンタ	㈱牧野フライス製作所製 V33	エンドミル・ドリル等の切削性能評価試験，簡単な部品の加工等に使用します． 主軸最高回転速度：30000 min^{-1}

付録③：主な依頼試験項目

区　分	試験項目
機械部品や構造材料の力学特性	・引張／圧縮／曲げ試験 ・疲労試験 ・硬さ試験（ロックウェル，ビッカース） ・トライボ（摩擦摩耗）試験
金属組織，外観観察	・金属組織写真撮影 ・走査電子顕微鏡写真撮影 ・外観写真撮影
加工試験	・熱間加工試験 ・放電加工試験 ・真空溶解試験 ・切削抵抗測定，工具寿命試験 ・ホットプレス処理，HIP 処理
表面分析，分光分析	・エネルギー分散型 X 線分光分析（EDS） ・電子線マイクロアナライザ（EPMA） ・X 線光電子分光分析（XPS） ・顕微レーザーラマン分光分析 ・紫外・可視分光分析
非破壊検査，応力測定	・X 線透過試験 ・X 線 CT 撮影 ・非破壊超音波映像撮影 ・X 線残留応力測定
結晶構造解析	・X 線回折（XRD） ・電子線後方散乱回折図形測定（EBSD）
ナノ粒子計測	・粒径分布測定 ・ゼータ電位測定
音，振動試験	・騒音測定，音響測定 ・振動試験 ・制振材料の損失係数測定 ・垂直入射吸音率測定
精密計測	・3 次元座標測定（接触，非接触） ・表面粗さ測定
機械設計，構造解析	・CAD／CAE ・3 次元モデリング ・構造解析
（参考） 電子技術分野の主な依頼試験項目	・各種電気電子測定 ・電磁波ノイズ試験，磁化測定 ・薄膜形成
（参考） 化学技術分野の主な依頼試験項目	・無機定性分析，無機定量分析，有機物分析 ・赤外分光分析，クロマトグラフ分析 ・環境試験，水質試験，耐候性試験

付録④：全国の主な鉱工業系公設試

（公立鉱工業試験研究機関長協議会加入 68 機関）

http://info.iri-tokyo.jp/kyogikai/

機関名	住　所
【北海道・東北】	
地方独立行政法人 北海道立総合研究機構 産業技術研究本部工業試験場	〒060-0819　北海道札幌市北区北 19 条西 11 丁目 TEL 011-747-2321　FAX 011-726-4057
地方独立行政法人 北海道立総合研究機構 環境・地質研究本部地質研究所	〒060-0819　北海道札幌市北区北 19 条西 12 丁目 TEL 011-747-2420　FAX 011-737-9071
北海道立工業技術センター	〒041-0801　北海道函館市桔梗町 379 TEL 0138-34-2600　FAX 0138-34-2601
地方独立行政法人 北海道立総合研究機構 産業技術研究本部食品加工研究センター	〒069-0836　北海道江別市文京台緑町 589-4 TEL 011-387-4111　FAX 011-387-4664
地方独立行政法人 青森県産業技術センター 工業総合研究所	〒030-0142　青森県青森市大字野木字山口 221-10 TEL 017-728-0900　FAX 017-728-0903
地方独立行政法人 岩手県工業技術センター	〒020-0852　岩手県盛岡市飯岡新田 3-35-2 TEL 019-635-1115　FAX 019-635-0311
秋田県産業技術センター	〒010-1623　秋田県秋田市新屋町字砂奴寄 4-11 TEL 018-862-3414　FAX 018-865-3949
秋田県総合食品研究センター	〒010-1623　秋田県秋田市新屋町字砂奴寄 4-26 TEL 018-888-2000　FAX 018-888-2008
山形県工業技術センター	〒990-2473　山形県山形市松栄 2-2-1 TEL 023-644-3222　FAX 023-644-3228
宮城県産業技術総合センター	〒981-3206　宮城県仙台市泉区明通 2-2 TEL 022-377-8700　FAX 022-377-8712
福島県ハイテクプラザ	〒963-0215　福島県郡山市待池台 1 丁目 12 番地 TEL 024-959-1736　FAX 024-959-1761
【関東甲信越静】	
茨城県工業技術センター	〒311-3195　茨城県東茨城郡茨城町長岡 3781-1 TEL 029-293-7212　FAX 029-293-8029

（続き）

機関名	住　所
栃木県産業技術センター	〒321-3226　栃木県宇都宮市ゆいの杜1丁目5番20号 TEL 028-670-3395　FAX 028-667-9429
群馬県立産業技術センター	〒379-2147　群馬県前橋市亀里町884-1 TEL 027-290-3030　FAX 027-290-3040
埼玉県産業技術総合センター	〒333-0844　埼玉県川口市上青木3-12-18 TEL 048-265-1368　FAX 048-265-1334
千葉県産業支援技術研究所	〒264-0017　千葉県千葉市若葉区加曽利町889 TEL 043-231-4326　FAX 043-233-4861
地方独立行政法人 東京都立産業技術研究センター	〒135-0064　東京都江東区青海2-4-10 TEL 03-5530-2426　FAX 03-5530-2458
地方独立行政法人 神奈川県立産業技術総合研究所 （旧称　神奈川県産業技術センター）	**〒243-0435　神奈川県海老名市下今泉705-1 TEL 046-236-1500　FAX 046-236-1526**
横浜市工業技術支援センター	〒236-0004　神奈川県横浜市金沢区福浦1-1-1 TEL 045-788-9010　FAX 045-788-9555
新潟県工業技術総合研究所	〒950-0915　新潟県新潟市中央区鐙西1-11-1 TEL 025-247-1301　FAX 025-244-9171
長野県工業技術総合センター	〒380-0928　長野県長野市若里1-18-1 TEL 026-268-0602　FAX 026-291-6243
山梨県工業技術センター	〒400-0055　山梨県甲府市大津町2094 TEL 055-243-6111　FAX 055-243-6110
山梨県富士工業技術センター	〒403-0004　山梨県富士吉田市下吉田6-16-2 TEL 0555-22-2100　FAX 0555-23-6671
静岡県工業技術研究所	〒421-1298　静岡県静岡市葵区牧ケ谷2078 TEL 054-278-3028　FAX 054-278-3066
【東海・北陸】	
あいち産業科学技術総合センター	〒470-0356　愛知県豊田市八草町秋合1267-1 TEL 0561-76-8306　FAX 0561-76-8309
名古屋市工業研究所	〒456-0058　愛知県名古屋市熱田区六番3-4-41 TEL 052-661-3161　FAX 052-654-6788
岐阜県工業技術研究所	〒501-3265　岐阜県関市小瀬1288 TEL 0575-22-0147　FAX 0575-24-6976
岐阜県産業技術センター	〒501-6064　岐阜県羽島郡笠松町北及47 TEL 058-388-3151　FAX 058-388-3155

（続き）

機関名	住　所
岐阜県情報技術研究所	〒509-0109　岐阜県各務原市テクノプラザ 1-21 TEL 058-379-3300　FAX 058-379-3301
岐阜県セラミックス研究所	〒507-0811　岐阜県多治見市星ヶ台 3-11 TEL 0572-22-5381　FAX 0572-25-1163
岐阜県生活技術研究所	〒506-0058　岐阜県高山市山田町 1554 TEL 0577-33-5252　FAX 0577-33-0747
三重県工業研究所	〒514-0819　三重県津市高茶屋 5-5-45 TEL 059-234-4036　FAX 059-234-3982
富山県工業技術センター	〒933-0981　富山県高岡市二上町 150 TEL 0766-21-2121　FAX 0766-21-2402
石川県工業試験場	〒920-8203　石川県金沢市鞍月 2 丁目 1 番地 TEL 076-267-8080　FAX 076-267-8090
【近　畿】	
福井県工業技術センター	〒910-0102　福井県福井市川合鷲塚町 61 字北稲田 10 TEL 0776-55-0664　FAX 0776-55-0665
滋賀県工業技術総合センター	〒520-3004　滋賀県栗東市上砥山 232 TEL 077-558-1500　FAX 077-558-1373
滋賀県東北部工業技術センター	〒526-0024　滋賀県長浜市三ツ矢元町 27-39 TEL 0749-62-1492　FAX 0749-62-1450
京都府中小企業技術センター	〒600-8813　京都府京都市下京区中堂寺南町 134 TEL 075-315-8612　FAX 075-315-1551
京都府織物・機械金属振興センター	〒627-0004　京都府京丹後市峰山町荒山 225 TEL 0772-62-7400　FAX 0772-62-5240
地方独立行政法人 京都市産業技術研究所	〒600-8815　京都府京都市下京区中堂寺粟田町 91 TEL 075-326-6100　FAX 075-326-6200
奈良県産業振興総合センター	〒630-8031　奈良県奈良市柏木町 129-1 TEL 0742-33-0817　FAX 0742-34-6705
地方独立行政法人 大阪府立産業技術総合研究所	〒594-1157　大阪府和泉市あゆみ野 2-7-1 TEL 0725-51-2511　FAX 0725-51-2513
地方独立行政法人 大阪市立工業研究所	〒536-8553　大阪府大阪市城東区森之宮 1-6-50 TEL 06-6963-8006　FAX 06-6963-8015
兵庫県立工業技術センター	〒654-0037　兵庫県神戸市須磨区行平町 3-1-12 TEL 078-731-4192　FAX 078-735-7845

(続き)

機関名	住　所
和歌山県工業技術センター	〒649-6261　和歌山県和歌山市小倉 60 TEL 073-477-1271　FAX 073-477-2880
【中国・四国】	
地方独立行政法人 鳥取県産業技術センター	〒689-1112　鳥取県鳥取市若葉台南七丁目 1 番 1 号 TEL 0857-38-6200　FAX 0857-38-6210
島根県産業技術センター	〒690-0816　島根県松江市北陵町 1 番地 TEL 0852-60-5140　FAX 0852-60-5144
岡山県工業技術センター	〒701-1296　岡山県岡山市北区芳賀 5301 TEL 086-286-9600　FAX 086-286-9631
広島県立総合技術研究所	〒730-8511　広島県広島市中区基町 10-52 TEL 082-223-1200　FAX 082-223-1421
広島市工業技術センター	〒730-0052　広島県広島市中区千田町 3-8-24 TEL 082-242-4170　FAX 082-245-7199
地方独立行政法人 山口県産業技術センター	〒755-0195　山口県宇部市あすとぴあ 4-1-1 TEL 0836-53-5050　FAX 0836-53-5070
徳島県立工業技術センター	〒770-8021　徳島県徳島市雑賀町西開 11-2 TEL 088-635-7900　FAX 088-669-4755
香川県産業技術センター	〒761-8031　香川県高松市郷東町 587-1 TEL 087-881-3175　FAX 087-881-0425
愛媛県産業技術研究所	〒791-1101　愛媛県松山市久米窪田町 487-2 TEL 089-976-7612　FAX 089-976-7313
高知県工業技術センター	〒781-5101　高知県高知市布師田 3992-3 TEL 088-846-1111　FAX 088-845-9111
高知県立紙産業技術センター	〒781-2128　高知県吾川郡いの町波川 287-4 TEL 088-892-2220　FAX 088-892-2209
【九州・沖縄】	
福岡県工業技術センター	〒818-8540　福岡県筑紫野市上古賀 3-2-1 TEL 092-925-7721　FAX 092-925-7724
佐賀県工業技術センター	〒849-0932　佐賀県佐賀市鍋島町大字八戸溝 114 TEL 0952-30-8161　FAX 0952-32-6300
佐賀県窯業技術センター	〒844-0022　佐賀県西松浦郡有田町黒牟田丙 3037-7 TEL 0955-43-2185　FAX 0955-41-1003
長崎県工業技術センター	〒856-0026　長崎県大村市池田 2-1303-8 TEL 0957-52-1133　FAX 0957-52-1136

（続き）

機関名	住　所
長崎県窯業技術センター	〒859-3726　長崎県東彼杵郡波佐見町稗木場郷 605-2 TEL 0956-85-3140　FAX 0956-85-6872
熊本県産業技術センター	〒862-0901　熊本県熊本市東区東町 3-11-38 TEL 096-368-2101　FAX 096-369-1938
大分県産業科学技術センター	〒870-1117　大分県大分市高江西 1-4361-10 TEL 097-596-7100　FAX 097-596-7110
宮崎県工業技術センター	〒880-0303　宮崎県宮崎市佐土原町東上那珂 16500-2 TEL 0985-74-4311　FAX 0985-74-4488
宮崎県食品開発センター	〒880-0303　宮崎県宮崎市佐土原町東上那珂 16500-2 TEL 0985-74-2060　FAX 0985-74-4488
鹿児島県工業技術センター	〒899-5105　鹿児島県霧島市隼人町小田 1445-1 TEL 0995-43-5111　FAX 0995-64-2111
沖縄県工業技術センター	〒904-2234　沖縄県うるま市字州崎 12-2 TEL 098-929-0111　FAX 098-929-0115
沖縄県工芸振興センター	〒901-1116　沖縄県島尻郡南風原町字照屋 213 TEL 098-889-1186　FAX 098-889-5331

執筆者紹介（あいうえお順）

※所属・肩書は，2017 年 1 月現在

阿部顕一　あべ　けんいち（第 6 章 6.1）

1992 年入所．機械・材料技術部機械制御チーム主任研究員として，機械設計・精密測定に関する技術支援業務に従事．2006 年より機械制御チームリーダー．

伊東圭昌　いとう　よしあき（第 8 章 8.3）

1996 年入所．機械・材料技術部機械制御チーム主任研究員として，機械振動・騒音などに関する技術支援業務に従事．2016 年より技術支援推進部．神奈川大学工学研究所客員教授，博士(工学)．

小野春彦　おの　はるひこ（第 1 章 1.1 ～ 1.3，第 6 章 6.2 ）

民間企業を退職後,2007 年入所. 専門研究員(ナノ材料チームリーダー)，副部長を経て，2011 年より機械・材料技術部部長．明治大学連携大学院客員教授，応用物理学会フェロー，理学博士．

小野洋介　おの　ようすけ（第 5 章 5.1，5.4）

民間企業を退職後，2008 年入所．機械・材料技術部材料加工チームにて，セラミックス分野の技術支援業務に従事．2016 年より企画部所属．博士(工学)．

加納　眞　かのう　まこと（第 4 章 4.1）

民間企業を退職後，2006 年入所．専門研究員として摩擦・摩耗技術に関する開発支援業務に従事．材料物性チームリーダーを経て，2011 年より機械・材料技術部副部長．2016 年に退職して，技術コンサルティング，東京工業大学研究員，明治大学兼任講師．工学博士．

小島　隆　こじま　たかし（第 8 章 8.1）

横浜国立大学を退職後，1997 年入所．主任研究員，機械構造チームリーダー，交流相談支援室長を経て，2016 年より機械・材料技術部副部長．博士(工学)．

小島真路　こじま　まさみち（第 8 章 8.2）

1996 年入所．機械・材料技術部機械制御チーム主任研究員として，音・振動関連の技術支援業務に従事．

薩田寿隆　さつた　としたか（第 2 章 2.2，第 3 章 3.3）

1995 年入所．機械・材料技術部主任研究員として，電気加工を中心とした技術支援業務に従事．材料加工チームリーダーを経て，2016 年より機械構造チームリーダー．工学博士．

佐野明彦　さの　あきひこ（第 3 章 3.2，第 7 章 7.1）

1986 年入所．機械・材料技術部主任研究員として，金属組織観察を中心とした故障解析に関わる支援業務に従事．材料物性チームリーダー，機械構造チームリーダーを経て，2016 年より技術支援推進部交流相談支援室長．

曽我雅康　そが　まさやす（第 7 章 7.2）

1988 年入所．機械・材料技術部解析評価チーム主任研究員（チームリーダー）として，表面分析業務に従事．2016 年より企画部環境整備室長．

髙木眞一　たかぎ　しんいち（第 2 章 2.1，第 3 章 3.2）

1995 年入所．機械・材料技術部材料物性チーム主任研究員（チームリーダー）として，主に金属材料の熱処理，表面処理の研究，技術支援業務に従事．博士（工学），技術士（金属部門）．

中村紀夫　なかむら　のりお（第 3 章 3.1，3.2）

民間企業を退職後，2007 年入所．機械・材料技術部材料物性チームにて，金属組織，破面解析業務に従事．2016 年より主任研究員．博士（工学）．

藤井　寿　ふじい　ひさし（第 5 章 5.1）

1993 年入所．機械・材料技術部ナノ材料チーム主任研究員として，ナノ粒子関連支援業務に従事．2011 年よりナノ材料チームリーダー．

藤谷明倫　ふじや　あきのり（第 8 章 8.2）

民間企業を退職後，2007 年入所．機械・材料技術部機械制御チームにて，音・振動に関する技術支援業務に従事．2016 年より主任研究員．

星川　潔　ほしかわ　きよし（第 8 章 8.1）

1994 年入所．X 線作業主任者として X 線応力測定に関する技術支援業務に従事．機械・材料技術部機械構造チーム主任研究員．

本泉　佑　もといずみ　ゆう（第7章7.2）

民間企業を退職後，2005年入所．機械・材料技術部解析評価チームにて，材料の表面分析に関する技術支援業務に従事．2015年より主任研究員．

守谷貴絵　もりや　たかえ（カバーデザイン，コラム＆イラスト）

民間企業，女子美術大学を退職後，2012年入所．技術支援推進部商品開発支援室主任研究員として，事業構想，商品企画からデザインのアウトプットに係わる業務に従事．

横内正洋　よこうち　まさひろ（第5章5.3）

1991年入所．機械・材料技術部材料加工チーム主任研究員として，切削加工，研削加工，粉末冶金技術に関わる技術支援業務に従事．2016年より材料加工チームリーダー．博士(工学)．

横田知宏　よこた　ともひろ（第4章4.3）

2005年入所．木材加工の支援業務を担当後，2008年より機械・材料技術部材料加工チームにて，金属・樹脂材料等の切削加工の支援業務に従事．2014年より主任研究員．博士(工学)．

吉田健太郎　よしだ　けんたろう（第4章4.2）

2006年入所．機械・材料技術部材料物性チームにて，摩擦・摩耗・潤滑特性評価業務に従事．2015年より主任研究員．博士(工学)．

良知　健　らち　たけし（第5章5.2）

2008年入所．機械・材料技術部ナノ材料チームにて，ナノ材料の作製および評価に関する技術支援業務に従事．2016年より主任研究員．博士(理学)．

渡邊敏行　わたなべ　としゆき（第4章4.4）

民間企業を退職後，(財)神奈川科学技術アカデミー研究員を経て，2010年に入所．機械・材料技術部材料物性チーム主任研究員として，薄膜材料・表面処理・トライボロジーに関する企業支援に従事．

索　引

[か]

[さ]

[ま]

[や]

[ら]

ものづくり企業のための公設試の賢い利用法
—機械・材料分野の技術支援事例—

2017年4月1日　初版第1刷発行

著　　者　地方独立行政法人
　　　　　神奈川県立産業技術総合研究所©
発 行 者　青木　豊松
発 行 所　株式会社 アグネ技術センター
　　　　　〒107-0062　東京都港区南青山5-1-25　北村ビル
　　　　　電話　03-3409-5329／FAX　03-3409-8237
　　　　　振替　00180-8-41975
印刷・製本　株式会社 平河工業社

落丁本・乱丁本はお取替えいたします.
定価は定価カバーに表示してあります.

Printed in Japan, 2017
ISBN 978-4-901496-84-1 C3050